গণিত-I

দীপক সিং

KHANNA BOOK PUBLISHING CO. (P) LTD.
PUBLISHER OF ENGINEERING AND COMPUTER BOOKS
4C/4344, Ansari Road, Darya Ganj, New Delhi-110002
Phone: 011-23244447-48 **Mobile:** +91-99109 09320
E-mail: contact@khannabooks.com
Website: www.khannabooks.com

Dear Readers,

To prevent the piracy, this book is secured with HIGH SECURITY HOLOGRAM on the front title cover. In case you don't find the hologram on the front cover title, please write us to at contact@khannabooks.com or whatsapp us at +91-99109 09320 and avail special gift voucher for yourself.

Specimen of Hologram on front Cover title:

Moreover, there is a SPECIAL DISCOUNT COUPON for you with EVERY HOLOGRAM.

How to avail this SPECIAL DISCOUNT:

Step 1: Scratch the hologram

Step 2: Under the scratch area, your "coupon code" is available

Step 3: Logon to www.khannabooks.com

Step 4: Use your "coupon code" in the shopping cart and get your copy at a special discount

Step 5: Enjoy your reading!

ISBN: 978-93-5538-131-6

Book Code: DIP197BE

Mathematics - I *by* Deepak Singh
[Bengali Edition]

First Edition: 2021
Reprint: 2025

Published by:
Khanna Book Publishing Co. (P) Ltd.
Visit us at: **www.khannabooks.com**
Write us at: **contact@khannabooks.com**
CIN: U22110DL1998PTC095547

To view complete list of books, Please scan the QR Code:

Printed in India.

प्रो. अनिल डी. सहस्रबुद्धे
अध्यक्ष
Prof. Anil D. Sahasrabudhe
Chairman

सत्यमेव जयते

अखिल भारतीय तकनीकी शिक्षा परिषद्
(भारत सरकार का एक सांविधिक निकाय)
(शिक्षा मंत्रालय, भारत सरकार)
नेल्सन मंडेला मार्ग, वसंत कुंज, नई दिल्ली–110070
दूरभाष : 011–26131498
ई–मेल : chairman@aicte-india.org

ALL INDIA COUNCIL FOR TECHNICAL EDUCATION
(A STATUTORY BODY OF THE GOVT. OF INDIA)
(Ministry of Education, Govt. of India)
Nelson Mandela Marg, Vasant Kunj, New Delhi-110070
Phone : 011-26131498
E-mail : chairman@aicte-india.org

পূর্বকথা

ইঞ্জিনিয়ারিং শতাব্দী ধরে মানবজাতি ও সমাজের অগ্রগতি ও সম্প্রসারণে অত্যন্ত গুরুত্বপূর্ণ ভূমিকা পালন করেছে। ভারতীয় উপমহাদেশে উদ্ভূত ইঞ্জিনিয়ারিং ধারণাগুলি বিশ্বে একটি চিন্তাশীল প্রভাব ফেলেছে।

অল ইন্ডিয়া কাউন্সিল ফর টেকনিক্যাল এডুকেশন (AICTE) 1987 সালে প্রতিষ্ঠার পর থেকে টেকনিক্যাল শিক্ষার্থীদেরকে সম্ভাব্য সকল উপায়ে সহায়তা করার জন্য সর্বদা অগ্রগণ্য ছিল। AICTE এর লক্ষ্য ছিল মানসম্মত কারিগরি শিক্ষার প্রচার করা এবং এর মাধ্যমে শিল্পকে আরও উচ্চতায় নিয়ে যাওয়া এবং শেষ পর্যন্ত আমাদের প্রিয় মাতৃভূমি ভারতকে একটি আধুনিক উন্নত রাষ্ট্রে পরিণত করা। এখানে উল্লেখ করা অকার্যকর হবে না যে ইঞ্জিনিয়াররা আধুনিক সমাজের মেরুদণ্ড - যত ভাল ইঞ্জিনিয়ার তত ভাল শিল্প এবং যত ভাল শিল্প তত উন্নত দেশ।

NEP 2020 আঞ্চলিক ভাষায় সকলের কাছে শিক্ষার কথা ভাবছে যার ফলে প্রতিটি শিক্ষার্থী যথেষ্ট দক্ষ এবং যোগ্য হয়ে ওঠে এবং জাতীয় প্রগতি এবং উন্নয়নে অবদান রাখার অবস্থানে থাকতে পারে।

AICTE গত কয়েক বছর ধরে নিরলসভাবে কাজ করে আসছিল এমন একটি ক্ষেত্র হল তার সমস্ত ইঞ্জিনিয়ারিং শিক্ষার্থীদের বিভিন্ন আঞ্চলিক ভাষায় প্রস্তুত আন্তর্জাতিক স্তরের উচ্চমানসম্পন্ন মাঝারি মূল্যের বই সরবরাহ করা। এই বইগুলি কেবল সহজ ভাষা, বাস্তব জীবনের উদাহরণ, সমৃদ্ধ বিষয়বস্তুর কথা মাথায় রেখে তৈরি করা হয়নি বরং এই দৈনন্দিন পরিবর্তিত বিশ্বে শিল্পের প্রয়োজনের কথাও মাথায় রাখা হয়েছে। এই বইগুলি ইঞ্জিনিয়ারিং অ্যান্ড টেকনোলজির AICTE মডেল পাঠ্যক্রম 2018 অনুসারে তৈরি।

সারা ভারত থেকে বিশিষ্ট অধ্যাপক মহান জ্ঞান এবং অভিজ্ঞতার সাথে একাডেমিক সংঘের সুবিধার জন্য এই বইগুলি লিখেছেন। AICTE আত্মবিশ্বাসী যে এই বইগুলি এর সমৃদ্ধ বিষয়বস্তু সহ কারিগরি শিক্ষার্থীদের বৃহত্তর এবং মানসম্পন্ন বিষয়গুলি আয়ত্ত করতে সহায়তা করবে।

AICTE এই ইঞ্জিনিয়ারিং বিষয়গুলিকে আরও সুস্পষ্ট করার জন্য মূল লেখক, সমন্বয়কারী এবং অনুবাদকদের কঠোর পরিশ্রমের প্রশংসা জ্ঞাপন করছে।

(Anil D. Sahasrabudhe)

কৃতজ্ঞতাস্বীকার

AICTE যেরকম নিখুঁত পরিকল্পনা এবং তার বাস্তবায়ন করে ডিপ্লোমা ছাত্রদের জন্য কারিগরির গণিত বইটি প্রকাশ করেছে, সে জন্য লেখক AICTE-র কাছে কৃতজ্ঞ।

আমি আন্তরিকভাবে বইটির পর্যালোচনাকারী অধ্যাপক ডাঃ প্রদীপনন্দলাল জোশীর মূল্যবান অবদানকে স্বীকার করি, বইটিকে শৈল্পিক দৃষ্টিভঙ্গিতে আরও ভাল আকার দেওয়ার জন্য।

এছাড়াও এটি অত্যন্ত সম্মানের, যে এই বইটি AICTE মডেল পাঠ্যক্রম এবং রাষ্ট্রীয় শিক্ষা নীতি (NEP)-2020-এর নির্দেশিকাগুলির সাথে সামঞ্জস্যপূর্ণ। আঞ্চলিক ভাষায় শিক্ষার প্রসারের দিকে, এই বইটি ভারতের তপশীলভুক্ত আঞ্চলিক ভাষাগুলিতে অনুবাদ করা হল।

ডাঃ শশী বাজাজ মুখোপাধ্যায়-কে আমি আন্তরিক ধন্যবাদ জানাতে চাই, বাংলা ভাষায় বইটির যথাযথ অনুবাদ করে তাঁর অবদান রাখার জন্য এবং ছাত্রদের কাছে বন্ধুসুলভ করে তোলার জন্য।

আমি শ্রী বুদ্ধ চন্দ্রশেখরকে (CCO NEAT AICTE) আমার আন্তরিক শুভেচ্ছা জানাতে চাই, যার AI-ভিত্তিক অনুবাদক টুল বইটির যথাযথ আঞ্চলিক ভাষায় অনুবাদে সহযোগিতা করেছে।

পরিশেষে, আমি বইটির প্রকাশনা সংস্থা M/s খান্না বুক পাবলিশিং কোম্পানি প্রাইভেট লিমিটেড, নিউ দিল্লি-কে আমার আন্তরিক ধন্যবাদ জানাতে চাই, যার পুরো টিম বইটিকে একটি চমৎকার অভিজ্ঞতাসুলভ গ্রাহনযোগ্য করে প্রকাশ করেছে এবং প্রকাশনার সমস্ত দিকগুলিতে যথাসাধ্যা সহযোগিতা করার জন্য।

দীপক সিং

মুখবন্ধ

ইঞ্জিনিয়ারিং শিক্ষার্থীদের গণিত শেখানোর জন্য “গণিত -1” শিরোনামের বইটি হল একটি উদ্ভূত বিষয়। ডিপ্লোমা ইঞ্জিনিয়ারিং শিক্ষার্থীদের কাছে গণিতের মৌলিক ধারণাগুলিকে স্পষ্ট ভাবে তুলে ধরার উদ্দেশে এই বইটি লেখার সূচনা হয়, যাতে গণিতের মৌলিক বিষয়গুলির পাশাপাশি বিষয়টির একটি সাম্যক ধারণা পাওয়া যায়। বিষয়টির বিস্তৃত পরিধির উদ্দেশ্য এবং অপরিহার্য পরিপূরক তথ্য প্রদানের জন্য, লেখক AICTE দ্বারা প্রস্তাবিত বিষয়গুলি খুব নিয়ামানুগ এবং যুক্তিযুক্ত ভাবে বইটিতে অন্তর্ভুক্ত করেছেন। বিষয়টির মৌলিক ধারণাগুলোকে সহজতম উপায়ে বইটিতে ব্যাখ্যা করার চেষ্টা করা হয়েছে।

বইটির খসড়া তৈরির প্রক্রিয়া চলাকালীন, বিভিন্ন প্রমিত পাঠ্য বই বিবেচনা করা হয়েছে এবং সেই অনুসারে একটি আধ্যায়ের বিভিন্ন বিভাগগুলি যেমন অনুসন্ধিৎসা এবং আগ্রহ তৈরি করার জন্য কিছু বুদ্ধিদীপ্ত প্রশ্ন, প্রচুর উদাহরণ এবং বিষয়ভিত্তিক প্রশ্ন ইত্যাদি তৈরি করা হয়েছে। বিভিন্ন বিভাগ তৈরির সময় মৌলিক নীতি এবং প্রয়োজনীয় সূত্রের সারসংক্ষেপের উপরও জোর দেওয়া হয়েছে। শিক্ষার্থীদের আগ্রহের ক্ষেত্রে নির্দিষ্ট করা ছাড়াও, লেখক প্রচুর উদাহরণ এবং সমৃদ্ধ অনুশীলন সরবরাহ করেছেন। প্রতিটি ইউনিটে উল্লেখিত, বাস্তবসম্মত প্রয়োগগুলি শিক্ষার্থীদেরকে শৃঙ্খলিত করে যাতে তারা পরিস্থিতি অনুসারে যেকোনো সমাস্যার সাধারণীকরণ করতে এবং নতুন-নতুন পরিস্থিতিতে তা প্রয়োগ করতে পারে। শিক্ষার্থীদের আগ্রহকে আরও বৃদ্ধি করতে, পুরো পাঠ্য জুড়ে প্রয়োজনীয় ক্ষেত্রে বোঝার সুবিধার্থে লেখচিত্র এবং চিত্র প্রদর্শিত করা হয়েছে।

এছাড়াও, “আরও জানো” শিরোনামে পুস্তাক ব্যবহারকারীদের জন্য কিছু প্রয়োজনীয় তথ্যের পাশাপাশি লেখক আরও পড়ার জন্য কিছু প্রয়োজনীয় তথ্য দিয়েছেন।

“গণিত -1: আক্ষরিক অর্থে যে সকল অধ্যায় এই বইটিতে সংযোজন করা হয়েছে তার একটি পূর্ণাঙ্গ ভিত্তি প্রদান করে। গণিত -1 শিক্ষার্থীদের সংশ্লিষ্ট অধ্যায় অর্থাৎ ত্রিকোণমিতি, ক্যালকুলাস এবং বীজগণিতের বিভিন্ন প্রশ্নের সমাধানের জন্য প্রস্তুত করবে। বইটিতে বিষয়গুলি গঠনমূলক ভাবে উপস্থাপিত করা হয়েছে”।

লেখক আন্তরিক ভাবে আশা করেন যে বইটি শিক্ষার্থীদের ত্রিকোণমিতি, ক্যালকুলাস এবং বীজগণিতের মূল নীতির ধারণাগুলি শিখতে এবং এই বিষয়গুলোতে বিভিন্ন আলোচনার জন্য অনুপ্রাণিত করবে যাতে বিষয়টির শক্ত ভিত্তি গড়ে ওঠে। আমি সমস্ত মন্তব্য এবং পরামর্শের জন্য কৃতজ্ঞ থাকব যা বইটির ভবিষ্যত সংস্করণগুলির উন্নতিতে অবদান রাখবে। শিক্ষক এবং শিক্ষার্থীদের হাতে এই বইটি তুলে দিতে পেরে আমি অত্যন্ত আনন্দিত।

দীপক সিং

ফলাফল ভিত্তিক শিক্ষা

ফলাফল ভিত্তিক শিক্ষা বাস্তবায়নের জন্য প্রথম প্রয়োজন শিক্ষা ব্যবস্থায় একটি ফলাফল ভিত্তিক পাঠ্যক্রম এবং ফলাফল ভিত্তিক মূল্যায়ন অন্তর্ভুক্ত করা। ফলাফল ভিত্তিক মূল্যায়নের মাধ্যমে, মূল্যায়নকারীরা মূল্যায়ন করতে পারবে যে শিক্ষার্থীরা পূর্বনির্ধারিত মান এবং নির্দিষ্ট পরিমাপযোগ্য ফলাফল অর্জন করেছে কিনা। ফলাফল ভিত্তিক শিক্ষার যথাযথ সংযোজনের মাধ্যমে প্রত্যেকটি স্তরে সমস্ত শিক্ষার্থীদের জন্য একটি ন্যূনতম মান অর্জনের সুনির্দিষ্ট প্রতিশ্রুতি থাকবে। ফলাফল ভিত্তিক শিক্ষার সাহায্যে বর্তমান ব্যবস্থাপনার (প্রোগ্রাম) শেষে, একজন শিক্ষার্থী নিম্নলিখিত ফলাফলে পৌঁছাতে সক্ষম হবে:

POs হল এমন বিবৃতি যা বর্ণনা করে যে এই ব্যবস্থাপনার থেকে স্নাতক হওয়ার পর শিক্ষার্থীরা কি আশা করে এবং কি করতে পারে। এগুলি দক্ষতা, জ্ঞান, বিশ্লেষণাত্মক ক্ষমতা মনোভাব এবং আচরণের সাথে সম্পর্কিত যা শিক্ষার্থীরা এই ব্যবস্থাপনার মাধ্যমে অর্জন করবে। POs মূলত নির্দেশ করে যে শিক্ষার্থীরা ব্যবস্থাপনার সময় তাদের দ্বারা অর্জিত বিষয় ভিত্তিক জ্ঞান থেকে কী করতে পারে। যেমন, পিও (PO) একটি প্রকৌশল ডিপ্লোমা স্নাতকের পেশাদার চরিত্র সংজ্ঞায়িত করে।

ন্যাশনাল বোর্ড অফ অ্যাক্রেডিটেশন (এনবিএ) একটি ইঞ্জিনিয়ারিং ডিপ্লোমা স্নাতকের জন্য নিম্নলিখিত সাতটি পিও সংজ্ঞায়িত করেছে:

PO1. মৌলিক এবং বিভাগ সুনির্দিষ্ট জ্ঞান: ইঞ্জিনিয়ারিং বিভিন্ন সমস্যা সমাধানে মৌলিক গণিত, বিজ্ঞান, প্রকৌশলের মৌলিক জ্ঞান এবং প্রকৌশলের বিশেষ জ্ঞান প্রয়োগ করা।

PO2. সমস্যা বিশ্লেষণ: কোডিফাইড স্ট্যান্ডার্ড পদ্ধতি ব্যবহার করে ভাল ভাবে সংজ্ঞায়িত ইঞ্জিনিয়ারিং সমস্যাগুলি চিহ্নিত করা এবং বিশ্লেষণ করা।

PO3. সুকৌশলে সমস্যা সমাধানের পরিকল্পনা: সুনির্দিষ্ট প্রযুক্তিগত সমস্যার জন্য সমাধানের নকশা এবং নির্দিষ্ট প্রয়োজনীয়তা পূরণের জন্য পদ্ধতির উপাদান বা প্রক্রিয়া গুলির নকশায় সহায়তা করা।

PO4. প্রকৌশলীক যন্ত্রাংশ পরীক্ষা এবং যাচাই: আদর্শ যাচাই এবং পরিমাপ করার জন্য আধুনিক প্রকৌশল টুলস এবং উপযুক্ত প্রযুক্তি প্রয়োগ করা।

PO5. সমাজ, স্থায়িত্ব এবং পরিবেশের জন্য প্রকৌশলীক চর্চা: সমাজ, স্থায়িত্ব, পরিবেশ এবং নৈতিক অনুশীলনের ক্ষেত্রে উপযুক্ত প্রযুক্তি প্রয়োগ করা।

PO6. প্রকল্প পরিচালনা: একটা দলের সদস্য যা নেতা হিসাবে প্রকল্পগুলি পরিচালনা করতে এবং ভাল ভাবে সংজ্ঞায়িত প্রকৌশল কার্যক্রম সম্পর্কে যোগাযোগ করতে প্রকৌশল ব্যবস্থাপনার নীতিগুলি পৃথক ভাবে ব্যবহার করা।

PO7. জীবনব্যাপী শিক্ষা: জীবনব্যাপী ব্যক্তিগত চাহিদা বিশ্লেষণ করার ক্ষমতা এবং প্রযুক্তিগত পরিবর্তনের পরিপ্রেক্ষিতে সময়োপযোগী করার কাজে ব্যস্ত থাকা।

কোর্সের ফলাফল

কোর্স শেষ হওয়ার পর শিক্ষার্থীরা পারবে:

CO-1: প্রয়োগ এবং প্রযুক্তিগত সমস্যা সমাধানে ত্রিকোণমিতি এবং সংশ্লিষ্ট মৌলিক ধারণা প্রয়োগ করা।

CO-2: ত্রিকোণমিতিতে ব্যবহৃত মৌলিক কাজগুলো বীজগাণিতিকভাবে বিশ্লেষণ করার ক্ষমতা প্রদর্শন করা।

CO-3: প্রকৌশল সম্পর্কিত সমস্যা সমাধানের জন্য ডিফারেনশিয়াল ক্যালকুলাসের মৌলিক ধারণাগুলি ব্যবহার করা।

CO-4: একটি অপেক্ষকের অন্তরকলন কে লেখচিত্র, সংখ্যাসূচক এবং বিশ্লেষণাত্মকভাবে ব্যাখ্যা করা।

CO-5: অপেক্ষক ব্যবহার করে বাস্তব জীবনের দৃশ্যকল্প মডেল করার ক্ষমতা প্রদর্শন করুন।

CO-6: শিক্ষার্থী, সমবয়সী এবং অন্যান্যদের সাথে সুসংগত এবং স্পষ্টভাবে গাণিতিক চিন্তাভাবনা আদান-প্রদান করা।

CO-7: বীজগণিতের ধারণার উপর ভিত্তি করে ইঞ্জিনিয়ারিং সম্পর্কিত সমস্যার সমাধান করা।

কোর্স ফলাফল	**প্রোগ্রাম ফলাফলের সাথে কোর্স ফলাফলের সমন্বয়** *(1- দুর্বল পারস্পরিক সম্পর্ক; 2- মাঝারি পারস্পরিক সম্পর্ক; 3- দৃঢ় পারস্পরিক সম্পর্ক)*						
	PO-1	**PO-2**	**PO-3**	**PO-4**	**PO-5**	**PO-6**	**PO-7**
CO-1	3	2	1	-	-	-	1
CO-2	3	2	-	-	-	-	1
CO-3	3	2	1	-	-	-	1
CO-4	2	2	-	-	-	-	1
CO-5	2	2	1	-	-	-	-
CO-6	2	2	1	-	-	-	2
CO-7	2	2	-	-	-	-	-

সংক্ষিপ্ত বিবরণ এবং প্রতীক

সংক্ষিপ্তসার তালিকা

সংক্ষিপ্তসার	পূর্ণরূপ
CO	কোর্স ফলাফল
cm	সেন্টিমিটার
PO	প্রোগ্রাম ফলাফল
t-Ratio	কোণানুপাত
UO	ইউনিট ফলাফল
UV	আল্ট্রা ভায়োলেট
All STC	
All	প্রত্যেকটি কোণানুপাত ধনাত্মক
S	কেবলমাত্র sin এবং cosec ধনাত্মক
T	কেবলমাত্র tan এবং cot ধনাত্মক
C	কেবলমাত্র cos এবং sec ধনাত্মক

প্রতীকগুলির তালিকা

প্রতীক	বর্ণনা
1^R	1 রেডিয়ান
1^G	1 গ্রেড
1^D অথবা 1^0	1 ডিগ্রী
$1'$	1 মিনিট
$1''$	1 সেকেন্ড
π	পাই
D_f	একটি ফাংশনের ডোমেন f
R_f	একটি ফাংশনের প্রসার f
$x \to a$	x এর সীমা হল a
$\cup$	মিলন

$\cap$	ছেদ
$\subset$	উপসেট
$\in$	এর অন্তর্গত
$[a,b]$ অথবা $]a,b[$	বন্ধ অন্তরাল
(a,b) অথবা $)a,b($	মুক্ত অন্তরাল
$[a,b)$ অথবা $]a,b)$	অর্ধমুক্ত বা অর্ধ বদ্ধ অন্তরাল
$(a,b]$ অথবা $(a,b[$	
ϕ	শূন্য সেট
$[x]$	বৃহত্তম পূর্ণ সংখ্যা
$\frac{d}{dx}(y)=\frac{dy}{dx}$	x এর সাপেক্ষে y এর অন্তরকলন
i	iota
$\bar{z}$	Z এর প্রতিযোগী রাশি
$\lvert z\rvert$	Z এর মডুলাস
$\mathrm{Re}(z)$	Z এর বাস্তাব অংশ
$\mathrm{Im}(z)$	Z এর কাল্পনিক অংশ
$\arg(z)$	Z এর আর্গুমেন্ট
$amp(z)$	Z এর প্রশস্ততা
$cis\theta$	$\cos\theta+i\sin\theta$
$n!$	ফ্যাক্টরিয়াল n বা n ফ্যাক্টরিয়াল
${}^nP_r$	n সংখ্যক বিভিন্ন বস্তু থেকে একযোগে r সংখ্যক বস্তু নিয়ে গঠিত বিন্যাস সংখ্যা
${}^nC_r$	n সংখ্যক বিভিন্ন বস্তু থেকে একযোগে r সংখ্যক বস্তু নিয়ে গঠিত সমবায় সংখ্যা

চিত্রের তালিকা

ইউনিট-1

ইউনিট-2

ইউনিট-4

সারণী তালিকা

শিক্ষকদের জন্য নির্দেশিকা

ফলাফল ভিত্তিক শিক্ষা (Outcome Based Education - OBE) বাস্তবায়নের জন্য শিক্ষার্থীদের জ্ঞানের স্তর এবং দক্ষতা বৃদ্ধি করতে হবে। OBE এর যথাযথ বাস্তবায়নের জন্য শিক্ষকদের একটি বড় দায়িত্ব নিতে হবে। OBE সিস্টেমের শিক্ষকদের জন্য কিছু দায়িত্ব (সীমাবদ্ধ নয়) নিম্নরূপ হতে পারে:

- যুক্তিসঙ্গত সীমাবদ্ধতার মধ্যেই সমস্ত শিক্ষার্থীদের সর্বোত্তম ফললাভের জন্য, তাদের সময়কে কৌশলে ব্যবহার করা উচিত।
- তাদের বৈষম্যমূলক অন্য কোন সম্ভাব্য অযোগ্যতা বিবেচনা না করে শুধুমাত্র নির্দিষ্ট সংজ্ঞায়িত মানদণ্ডের ভিত্তিতেই শিক্ষার্থীদের মূল্যায়ন করা উচিত।
- প্রতিষ্ঠান ছাড়ার আগে শিক্ষার্থীদের শেখার ক্ষমতা একটি নির্দিষ্ট মাত্রায় বাড়ানোর চেষ্টা করা উচিত।
- পড়াশোনা শেষ করার পর সব শিক্ষার্থী যেন গুণগত জ্ঞান এবং যোগ্যতার সাথে নিজেকে তৈরি করতে পারে তা নিশ্চিত করার চেষ্টা করা উচিত।
- তাদের সর্বদা শিক্ষার্থীদের চূড়ান্ত কর্মক্ষমতা বিকাশের জন্য উত্সাহিত করা উচিত।
- নতুন পদ্ধতির একত্রীকরণের জন্য তাদের গ্রুপের কাজ এবং দলগত কাজকে সহজতর করা এবং উৎসাহিত করা উচিত।
- তাদের মূল্যায়নের প্রতিটি অংশে ব্লুমের শ্রেণীবিন্যাস অনুসরণ করা উচিত।

ব্লুমের শ্রেণীবিন্যাস

স্তর	শিক্ষকের পরীক্ষা করা উচিত	শিক্ষার্থীকে সক্ষম হওয়া উচিত	মূল্যায়নের সম্ভাব্য পদ্ধতি
সৃজন (Creating)	শিক্ষার্থীদের সৃজন করার ক্ষমতা	ডিজাইন বা সৃজন করা	মিনিপ্রজেক্ট
মূল্যায়ন (Evaluating)	শিক্ষার্থীদের বিচার করার ক্ষমতা	তর্ক করুন বা রক্ষা করা	অ্যাসাইনমেন্ট
বিশ্লেষণ (Analyzing)	শিক্ষার্থীদের পার্থক্য করার ক্ষমতা	পার্থক্য করুন বা পার্থক্য করা	প্রকল্প/ল্যাবপদ্ধতি
প্রয়োগ (Applying)	শিক্ষার্থীদের তথ্য ব্যবহার করার ক্ষমতা	পরিচালনা বা প্রদর্শন	প্রযুক্তিগত উপস্থাপনা/ প্রদর্শন
বোধ (Understanding)	শিক্ষার্থীদের ধারণা ব্যাখ্যা করার ক্ষমতা	ব্যাখ্যা বা শ্রেণীবদ্ধ করুন	উপস্থাপনা/সেমিনার
স্মরণ (Remembering)	শিক্ষার্থীদের মনে রাখার ক্ষমতা	সংজ্ঞায়িত করুন বা প্রত্যাহার করুন	কুইজ

শিক্ষার্থীদের জন্য নির্দেশিকা

OBE বাস্তবায়নের জন্য শিক্ষার্থীদের সমান দায়িত্ব নিতে হবে। OBE সিস্টেমে শিক্ষার্থীদের জন্য কিছু দায়িত্ব (সীমাবদ্ধ নয়) নিম্নরূপ:

- প্রতিটি কোর্সে ইউনিট শুরুর আগে শিক্ষার্থীদের প্রতিটি UO সম্পর্কে ভালভাবে অবগত হওয়া উচিত।
- কোর্স শুরুর আগে শিক্ষার্থীদের প্রতিটি CO সম্পর্কে ভালভাবে সচেতন হওয়া উচিত।
- প্রোগ্রাম শুরুর আগে শিক্ষার্থীদের প্রতিটি PO সম্পর্কে ভালভাবে সচেতন হওয়া উচিত।
- শিক্ষার্থীদের উচিত সঠিক প্রতিফলন এবং কর্মের সাথে সমালোচনা মূলক এবং যুক্তিসঙ্গত ভাবে চিন্তা করা।
- শিক্ষার্থীদের শেখার ব্যবহারিক এবং বাস্তবজীবনের পরিণতির সাথে সংযুক্ত এবং একীভূত হওয়া উচিত।
- OBE এর প্রতিটি স্তরে শিক্ষার্থীদের তাদের দক্ষতা সম্পর্কে ভালভাবে সচেতন হওয়া উচিত।

সূচীপত্র

1 ত্রিকোণমিতি

ইউনিট বিশেষত্ব

এই ইউনিট বিস্তারিতভাবে নিম্নলিখিত বিষয়গুলি নিয়ে আলোচনা করে:

- ❑ কোণের ধারণা;
- ❑ ডিগ্রিতে কোণের পরিমাপ;
- ❑ গ্রেড এবং রেডিয়ান এবং তাদের রূপান্তর;
- ❑ যৌগিক কোণের কোনানুপাত (প্রমাণ ছাড়া);

প্রয়োগ-ভিত্তিক সমস্যাগুলি আরও কৌতূহল এবং সৃজনশীলতা সৃষ্টির পাশাপাশি সমস্যা সমাধানের ক্ষমতা উন্নত করার জন্য আলোচনা করা হয়।

এই ইউনিটে ব্লুমের শ্রেণীবিন্যাসের নিম্ন এবং উচ্চতর স্তর অনুসারে সঠিক উত্তর নির্বাচন ধর্মী প্রশ্নের পাশাপাশি সংক্ষিপ্ত এবং রচনাধর্মী প্রশ্নগুলি দেওয়া হয়েছে এবং কিছু সংখ্যাসূচক সমস্যা, রেফারেন্সের একটি তালিকা এবং প্রস্তাবিত রিডিং দেওয়া হয়েছে যাতে শিক্ষার্থীরা অনুশীলনের মাধ্যমে নিজেদের দক্ষতা বৃদ্ধি করতে পারে।

বিষয়বস্তুর উপর ভিত্তি করে, "আরও জানো" বিভাগ যোগ করা হয়েছে। এই অংশটি ভেবেচিন্তে পরিকল্পনা করা হয়েছে যাতে এই অংশে প্রদত্ত সম্পূরক তথ্য বইটির ব্যবহারকারীদের জন্য উপকারী হয়। এই বিভাগটি প্রধানত ত্রিকোণমিতি অধ্যয়নের প্রয়োজনীয়তা, কিভাবে ত্রিকোণমিতি আমাদের দেনন্দিন জীবনে ব্যবহার করা হয় সে সম্পর্কে কিছু মজার তথ্য, নিদর্শন এবং সম্পর্কের ন্যায্যতা ও সাধারণীকরণের মাধ্যমে গাণিতিক যুক্তির ব্যবহার, সমসাময়িক অ-গাণিতিক ঘটনার সাথে ঐতিহাসিক প্রেক্ষাপটে গণিতের বিকাশ, কিভাবে গণিতের উপর ভিত্তি করে বিভিন্ন সমস্যাগুলি অজানা পরিসরে ব্যবহার করা যেতে পারে, ত্রিকোণমিতি এবং এর বীজগণিত শেখার সহজ উপায়, ত্রিকোণমিতি উদ্ভাবন কেন করা হয়েছিল, ত্রিকোণমিতিতে স্বজ্ঞাতভাবে শেখা ইত্যাদি শিক্ষণ এবং শেখার উপর আলোকপাত করে।

অন্যদিকে, এই ইউনিটের অন্তর্ভুক্ত প্রস্তাবিত মাইক্রো প্রকল্প এবং কিছু বুদ্ধিদীপ্ত প্রশ্ন বিষয়টির জন্য অনুসন্ধিৎসা এবং আগ্রহ তৈরি করে।

যৌক্তিকতা

মূলত জ্যোতির্বিজ্ঞান সম্পর্কিত সমস্যা সমাধানের জন্য ত্রিকোণমিতির আবির্ভাব হলেও পরবর্তীকালে নেভিগেশন এবং বিজ্ঞান ও প্রকৌশল সম্পর্কিত বিভিন্ন ক্ষেত্রের বিস্তৃত পরিসরে এর প্রয়োগ পরিলক্ষিত হয়। নির্মাতা, স্থপতি, সার্ভেয়ার এবং ইঞ্জিনিয়ারদের বিভিন্ন কার্যক্ষেত্রে ত্রিকোণমিতির প্রয়োগ অত্যন্ত গুরুত্বপূর্ণ এবং এর ব্যবহারের ক্ষেত্র আরো অনেক বেশি প্রশস্ত। সিভিল এবং

মেকানিক্যাল ইঞ্জিনিয়াররা বিভিন্ন বস্তুর টর্ক এবং বল গণনা করতে ত্রিকোণমিতি ব্যবহার করে। প্রকৌশলীরা বলকে অনুভূমিক এবং উল্লম্ব উপাদানে ভাগ ও বিশ্লেষণের জন্য ত্রিকোণমিতির ব্যবহার করে থাকে। তড়িৎ সঞ্চালন বা কম্পিউটারের বিভিন্ন কোণ যা সরাসরি দেখা কঠিন, সঠিকভাবে পর্যালোচনার জন্য ত্রিকোণমিতির মৌলিক নিয়মগুলির উপর নির্ভর করতে হয়। কোণ সংক্রান্ত যেকোন সমস্যা সমাধানের ক্ষেত্রে ত্রিকোণমিতি ব্যবহার সাধারণত সবার প্রথমে পরিলক্ষিত হয়।

পূর্ব জ্ঞানের-প্রয়োজনীয়তা

- পিথাগোরাসের উপপাদ্যের সাথে পরিচিতি।
- ত্রিভুজের সামঞ্জস্য এবং সাদৃশ্যের মৌলিক জ্ঞান।
- ত্রিভুজ, বর্গক্ষেত্র এবং আয়তক্ষেত্র গুলির মৌলিক বৈশিষ্ট্যগুলির জ্ঞান।
- সহজ বীজগণিত এবং সমীকরণ ব্যবহারের সুবিধা।
- ক্যালকুলেটর ব্যবহারের পদ্ধতি।

ইউনিট ফলাফল

U1-O1: প্রদত্ত সমস্যা সমাধানের জন্য সংযুক্ত কোণ এবং গুণিতক কোণের সূত্রগুলির ধারণা প্রয়োগ করা।

U1-O2: সংশ্লিষ্ট সমস্যা (গুলি) সমাধান করতে উপ-একাধিক কোণের(Sub- Multiple angle) ধারণা ব্যবহার করা।

U1-O3: প্রদত্ত ত্রিকোণমিতিক মান জড়িত সমীকরণগুলি সমাধান করা।

U1-O4: বাস্তব জীবনের অভিজ্ঞতা ব্যবহার করে ত্রিকোণমিতিক অপেক্ষকের অনুরূপ লেখচিত্র সনাক্ত করা।

U1-O5: ত্রিকোণমিতিক অপেক্ষকের লেখচিত্র জ্যামিতিক ভাবে ব্যাখ্যা করা।

কোর্স ফলাফলের সাথে ইউনিট ফলাফলের সমন্বয়। একটি নমুনা ম্যাট্রিক্স নীচে দেওয়া হল:

ইউনিট-1 ফলাফল	**কোর্স ফলাফলের সাথে ইউনিট ফলাফলের সমন্বয়** *(1- দুর্বল পারস্পরিক সম্পর্ক; 2- মাঝারি পারস্পরিক সম্পর্ক; 3- দৃঢ় পারস্পরিক সম্পর্ক)*						
	CO-1	CO-2	CO-3	CO-4	CO-5	CO-6	CO-7
U1-O1	3	3	-	-	1	1	-
U1-O2	3	2	-	-	1	1	-
U1-O3	3	3	-	-	1	1	-
U1-O4	3	3	-	-	1	1	-
U1-O5	3	3	-	-	-	-	-

1.1 ভূমিকা

কোন একটি রশ্মি প্রান্ত বিন্দু বা শীর্ষের সাপেক্ষে আবর্তন করলে যে চিত্র গঠিত হয় তাকে কোণ বলে। মূল রশ্মিকে প্রারম্ভিক বাহু বলা হয় এবং ঘূর্ণনের পর রশ্মির চূড়ান্ত অবস্থানকে কোণের অন্তিম বাহু বলা হয়। ঘূর্ণন বিন্দুকে শীর্ষ বলে। যদি ঘূর্ণনের দিকটি ঘড়ির কাঁটার বিপরীত দিকে থাকে, তাহলে কোণটিকে ধনাত্মক কোণ বলা হয় এবং যদি ঘূর্ণনের দিকটি ঘড়ির কাঁটার দিকে হয়, তাহলে কোণটিকে ঋণাত্মক কোণ বলা হয়।

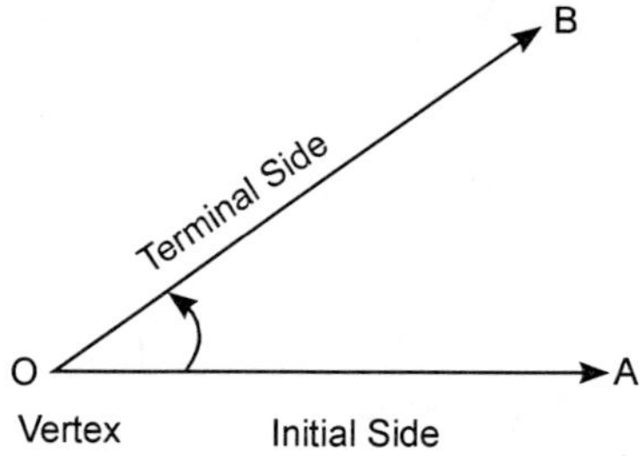

চিত্র: 1.1

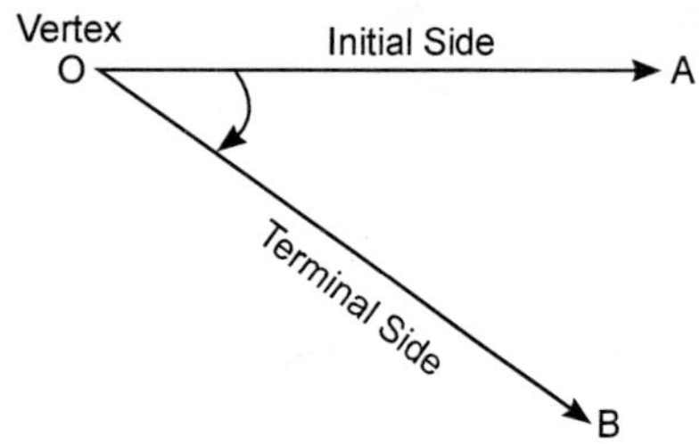

চিত্র: 1.2

ত্রিকোণমিতি শব্দটি দুটি গ্রীক শব্দ 'ত্রিকোনন' এবং 'মেট্রন' থেকে এসেছে। 'ত্রিকোনন' শব্দের অর্থ একটি ত্রিভুজ এবং 'মেট্রন' শব্দের অর্থ একটি পরিমাপ। তাই ত্রিকোণমিতি শব্দের অর্থ ত্রিভুজের বৈশিষ্ট্য অধ্যয়ন। এর মধ্যে রয়েছে কোণ এবং দৈর্ঘ্যের পরিমাপ।

1.1.1 কোণ পরিমাপের পদ্ধতি

কোণ পরিমাপের তিনটি বিকল্প আছে

(1) ষষ্ঠীক পদ্ধতি:

1 সমকোণ(right angle) = 90 ডিগ্রী $(=90^o)$

$1^o = 60$ মিনিট $(=60')$

$1' = 60$ সেকেন্ড $(=60'')$

(2) শতক পদ্ধতি:

1 সমকোণ(right angle) = 100 গ্রেড $(=100^g)$

1 গ্রেড (grade) = 100 মিনিট $(=100')$

1 মিনিট = 100 সেকেন্ড $(=100'')$

(3) বৃত্তীয় পদ্ধতি:

1 রেডিয়ান = $57°16'21''.8'' \approx 57^o16'22''$.

π রেডিয়ান = 180 ডিগ্রী.

1.1.2 কোণ পরিমাপের একক:

ত্রিকোণমিতির মূল ভিত্তি হলো কোণের পরিমাপ। কোণের পরিমাপের জন্য তিনটি একক রয়েছে।

(1) ডিগ্রী (2) গ্রেড এবং (3) রেডিয়ান।

1.1.2.1 ডিগ্রী (D°)

কোণ পরিমাপের জন্য ব্যবহৃত একটি সাধারণ যন্ত্র হল প্রটেক্টর। প্রটেক্টরে 0° থেকে 180° পর্যন্ত ডিগ্রীধারী

অর্ধবৃত্তাকার ডিস্ক রয়েছে। “কোণ টুল” অ্যাপ দ্বারা ডিগ্রী পরিমাপ সম্ভব যা কেবলমাত্র অ্যান্ড্রয়েড ব্যবহারকারীদের জন্য উপলব্ধ।

1.1.2.2 গ্রেড (G^g)

গ্রেড কোণ পরিমাপের একটি একক। এটি সমকোণের একশতম হিসাবে সংজ্ঞায়িত। অর্থাৎ 90 ডিগ্রীতে 100 গ্রেডিয়েন্ট রয়েছে। ত্রিকোণমিতিতে গ্রেডিয়ান “গন” নামেও পরিচিত।

1.1.2.3 রেডিয়ান (R^c)

কোন বৃত্তের ব্যাসার্ধের সমান বৃত্তচাপ বৃত্তের কেন্দ্রে যে পরিমাণ কোণ ধারণ করে তাকে এক রেডিয়ান কোণ বলা হয়। এটি R দ্বারা চিহ্নিত করা হয়।

1.1.3 কোণের পরিমাপের তিনটি পদ্ধতির মধ্যে সম্পর্ক

কোণ ? এর জন্য D ডিগ্রীর সংখ্যা, R রেডিয়ানের সংখ্যা এবং G গ্রেডের সংখ্যা হলে,

$$\frac{D}{90}=\frac{G}{100}=\frac{2R}{\pi} \text{ হয়।}$$

প্রমাণ: যেহেতু, $1^\circ=\frac{1}{90}$ *সমকোন* , $\therefore D^\circ=\frac{D}{90}$ *সমকোন*

$$1^c=\frac{2}{\pi} \text{ সমকোন}, \quad \therefore R^c=\frac{2R}{\pi} \text{ সমকোন}$$

$$1^g=\frac{1}{100} \text{ সমকোন}, \quad \therefore G^g=\frac{G}{100} \text{ সমকোন}$$

সুতরাং, $\frac{D}{90}=\frac{G}{100}=\frac{2R}{\pi}$

এটি কোণের পরিমাপের তিনটি এককের মধ্যে পারস্পরিক সম্পর্ক।

$x^G=\left(\frac{9x}{10}\right)^D$	$x^D=\left(\frac{10x}{9}\right)^G$	$x^R=\left(\frac{180x}{\pi}\right)^D$
$x^G=\left(\frac{\pi x}{200}\right)^R$	$x^D=\left(\frac{\pi x}{180}\right)^R$	$x^R=\left(\frac{200x}{\pi}\right)^G$

সারণী 1.1: আন্ত-রূপান্তর ডিগ্রী-গ্রেড-রেডিয়ান

গুরুত্বপূর্ণ বিষয়গুলো হল:

π এর আনুমানিক মান হল $22/7$ অথবা 3.14।

সুতরাং, এক রেডিয়ান $\cos A.\cos 2A.\cos 2^2 A.\cos 2^3 A.......\cos 2^{n-1} A=\frac{\sin 2^n A}{2^n \sin A}, \text{if } A=n\pi$ রেডিয়ান $=180^o$

সুতরাং, 1 রেডিয়ান = $57^\circ 16'21''.8'' \approx 57^o16'22''$.

উদাহরণ 1: কোণের পরিমাপের অবশিষ্ট দুটি এককে নিম্নলিখিতগুলিকে রূপান্তর কর।

(i) $30°$ (ii) 2^G (iii) $\pi/3^{\,R}$

সমাধান: (i) আমরা জানি যে, $x^D = \left(\frac{10x}{9}\right)^G$

$$\therefore 30° = \frac{\pi\times 30}{9}G = 33.333G$$

এবং $30° = \frac{\pi\times 30}{180}R = \frac{\pi}{6}R$

(ii) আমরা জানি যে, $x^G = \left(\frac{9x}{10}\right)^D$

$$\therefore 2^G = \left(\frac{9\times 2}{10}\right)^D = (1.8)^D = 1^0\,48'$$

এবং $x^G = \left(\frac{\pi x}{200}\right)^R$

$$\therefore 2^G = \left(\frac{\pi\times 2}{200}\right)^R = \left(\frac{\pi}{100}\right)^R$$

(iii) আমরা জানি যে, $x^R = \left(\frac{200x}{\pi}\right)^G$

$$\therefore \left(\frac{\pi}{3}\right)^R = \left(\frac{200\times\frac{\pi}{3}}{\pi}\right)^G = \left(\frac{200}{3}\right)^G$$

$$\therefore x^R = \left(\frac{180x}{\pi}\right)^D$$

$$\therefore \left(\frac{\pi}{3}\right)^R = \left(\frac{180\times\frac{\pi}{3}}{\pi}\right)^D = 60^0$$

উদাহরণ 2: $40°20'$ এই কোণের পরিমাপ রেডিয়ানে কত হবে?

সমাধান: আমরা জানি যে $180° = \pi$ রেডিয়ান.

সুতরাং, $40°20' = 40\frac{1}{3}$ ডিগ্রী $= \frac{\pi}{180} \times \frac{121}{3}$ রেডিয়ান $= \frac{121\pi}{540}$

উদাহরণ 3: 6 রেডিয়ানে কোণের পরিমাপ ডিগ্রীতে কত হবে?

সমাধান: আমরা জানি যে, π রেডিয়ান $= 180°$

সুতরাং, 6 রেডিয়ান $= \frac{180}{\pi} \times 6 = \frac{1080 \times 7}{22}$ ডিগ্রী $= 343\frac{7}{11}$ ডিগ্রী $= 343 + 7 \times \frac{60}{11}$ মিনিট

[যেহেতু, $1° = 60'$]

$= 343° + 38' + \frac{2}{11}$ মিনিট $= 343° + 38' + \frac{2}{11} \times 60$ সেকেন্ড $= 343°38'11''$ (প্রায়)।

উদাহরণ 4: নিচের কোনটি ঠিক?

(a) $\sin 1 < \sin 1°$ (b) $\sin 1 > \sin 1°$ (c) $\sin 1 = \sin 1°$ (d) $\frac{\pi}{180}\sin 1 = \sin 1^o$

সমাধান: (b) $\sin 1 > \sin 1°$ এই সম্পর্কটি সত্যি যেহেতু 1 রেডিয়ান $= 57°$ (প্রায়)

যেহেতু, $\sin\theta$ এর মান ক্রমবর্ধমান যেহেতু $\left[0 \to \frac{\pi}{2}\right]$।

1.2 সংযুক্ত কোণের কোণানুপাত

দুটি কোণের সমষ্টি বা অন্তরফল 0° বা 90° এর গুণিতক হলে কোণ দুটিকে পরস্পরের সংযুক্ত কোণ বলে।

সংযুক্ত কোণের কোণানুপাত এর তালিকা:

Allied Angles / Trignometric Ratios	sin θ	cos θ	tan θ
(–θ)	–sin θ	cos θ	–tan θ
$(90° - \theta)$ or $\left(\frac{\pi}{2} - \theta\right)$	cos θ	sin θ	cot θ

$(90°+\theta)$ or $\left(\frac{\pi}{2}+\theta\right)$	cos θ	–sin θ	–cot θ
$(180°-\theta)$ or $(\pi-\theta)$	sin θ	–cos θ	–tan θ
$(180°+\theta)$ or $(\pi+\theta)$	–sin θ	–cos θ	tan θ
$(270°-\theta)$ or $\left(\frac{3\pi}{2}-\theta\right)$	–cos θ	–sin θ	cot θ
$(270°+\theta)$ or $\left(\frac{3\pi}{2}+\theta\right)$	–cos θ	sin θ	–cot θ
$(360°-\theta)$ or $(2\pi-\theta)$	–sin θ	cos θ	–tan θ
$(360°+\theta)$ or $(2\pi+\theta)$	sin θ	cos θ	tan θ

সারণী 1.2: সংযুক্ত কোণের কোণানুপাত

বিভিন্ন কোণের জন্য ত্রিকোণমিতিক বিভিন্ন অপেক্ষকের মান নির্ণয়ের তালিকা:

θ	0	$\pi/6$	$\pi/4$	$\pi/3$	$\pi/2$	π	$3\pi/2$	2π
sin θ	0	$1/2$	$1/\sqrt{2}$	$\sqrt{3}/2$	1	0	–1	0
cos θ	1	$\sqrt{3}/2$	$1/\sqrt{2}$	$1/2$	0	–1	0	1
tan θ	0	$1/\sqrt{3}$	1	$\sqrt{3}$	∞	0	∞	0

সারণী 1.3: বিভিন্ন কোণের কোণানুপাত

1.2.1 (-θ)—এর কোণানুপাত

$\sin(-\theta) = -\sin\theta$ $\qquad$ $\cos(-\theta) = \cos\theta$

$\tan(-\theta) = -\tan\theta$ $\qquad$ $\mathrm{cosec}(-\theta) = -\mathrm{cosec}\theta$

$\sec(-\theta) = \sec\theta$ $\qquad$ $\cot(-\theta) = -\cot\theta$

1.2.2 **$(90°-\theta)$–এর কোণানুপাত**

$\sin(90° - \theta) = \cos\theta$ $\cos(90°-\theta) = \sin\theta$

$\tan(90°-\theta) = \cot\theta$ $\cot(90\equiv-\theta) = \tan\theta$

$\sec(90°-\theta) = \mathrm{cosec}\theta$ $\mathrm{cosec}(90°-\theta) = \sec\theta$

1.2.3 **$(180° - \theta)$–এর কোণানুপাত**

$\sin(180°-\theta) = \sin\theta,$ $\cos(180°-\theta) = -\cos\theta$

$\tan(180°-\theta) = -\tan\theta,$ $\cot(180°-\theta) = -\cot\theta$

$\sec(180\equiv-\theta) = -\sec\theta,$ $\mathrm{cosec}(180°-\theta) = \mathrm{cosec}\theta$

সাধারণভাবে, সংযুক্ত কোণের কোণানুপাতের জন্য নিম্নলিখিত নিয়মগুলি ব্যবহার করা হয়:

1: যদি θ একটি সূক্ষ্ম কোণ হয় এবং 360° পরিপ্রেক্ষিতে বাড়ানো বা কমানো হয় তবে সবক্ষেত্রেই θ–র কোণানুপাত এক থাকে।

2: $-\theta, \pi \pm \theta, 2\pi \pm \theta, ...$ এই কোণগুলোর কোণানুপাত সর্বদা সমান হয়।

3: $\frac{\pi}{2} \pm \theta, \frac{3\pi}{2} \pm \theta, \frac{5\pi}{2} \pm \theta ....$ এই কোণগুলোর কোণানুপাত নিম্নোক্তভাবে পরিবর্তিত হয়।

$\sin \leftrightarrow \cos,$ $\tan \leftrightarrow \cot,$ $\sec \leftrightarrow \mathrm{cosec}$

4: চিহ্ন নির্ধারণের জন্য ব্যবহার করতে হবে all STC ,যেখানে

"All students Take Care"(**All STC**) অর্থাৎ,

All = প্রত্যেকটি কোণানুপাত ধনাত্মক

S = কেবলমাত্র sin এবং cosec ধনাত্মক

T= কেবলমাত্র tan এবং cot ধনাত্মক

C= কেবলমাত্র cos এবং sec ধনাত্মক

Key -1: প্রদত্ত কোণের অবস্থান কোন পাদ তা নির্ণয় করতে হবে।

Key -2: প্রদত্ত কোণানুপাতের চিহ্ন ধনাত্মক বা ঋণাত্মক তা যথাযত ভাবে চিহ্নিত করতে হবে।

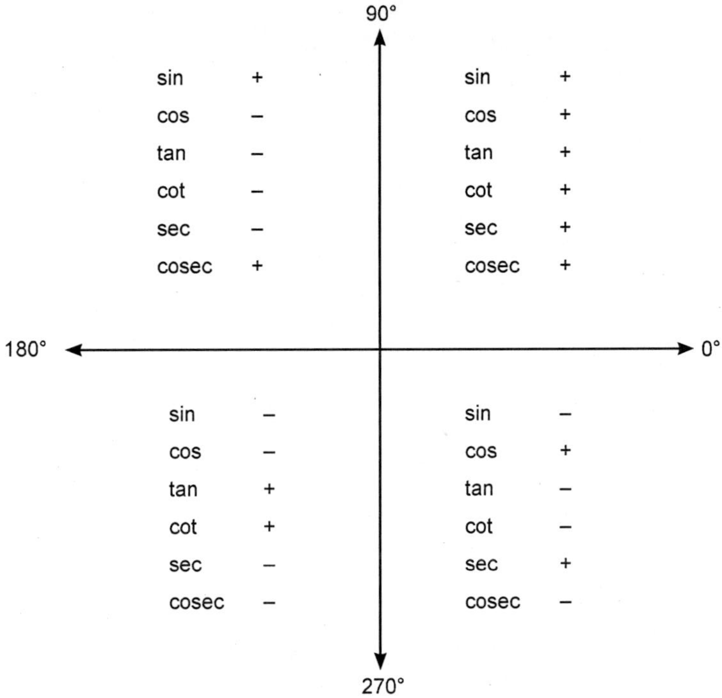

চিত্র: 1.3 ত্রিকোণমিতিক কোণানুপাতের চিহ্ন

উদাহরণ 1: নিচের কোণানুপাতের মান নির্ণয় করো:

(i) $\sin 480^0$ (ii) $\tan(\pi+\theta)$ (iii) $\sec\left(\frac{3\pi}{2}-\theta\right)$

সমাধান:

(i) $\sin(480^\circ) = \sin(450^\circ + 30^\circ) = \cos30^\circ$ { দ্বিতীয় পাদ এবং $\frac{\pi}{2}+\theta$ আকার

(ii) $\tan(\pi+\theta)=\tan\theta$ {তৃতীয় পাদ এবং $\pi+\theta$ আকার

(iii) $\sec\left(\frac{3\pi}{2}-\theta\right)=-\text{cosec}\theta$ {তৃতীয় পাদ এবং $\frac{\pi}{2}-\theta$ আকার

উদাহরণ 2: নিচের কোণানুপাতের মান নির্ণয় করো:

(i) $\text{cosec}^2\left(\frac{7\pi}{6}\right)$ (ii) $\cot\left(\frac{5\pi}{6}\right)$

সমাধান: (i) $\text{cosec}^2\frac{7\pi}{6} = \left[\text{cosec}\frac{7\pi}{6}\right]^2$

$$= \left[-\frac{1}{2}\right]^2 = \left[-\frac{1}{2}\right]^2$$

$$= \left[-\frac{1}{2}\right]^2 = \frac{1}{4}$$

(ii) $$\cot\frac{5\pi}{6} = \cot\left(\pi - \frac{\pi}{6}\right) = \cot\frac{\pi}{6} = -\sqrt{3}$$

উদাহরণ 3: প্রমাণ করো যে, $2\sin^2\frac{3\pi}{4} + 2\cos^2\frac{\pi}{4} + \sec^2\frac{\pi}{3} = 6$

$$\text{L.H.S.} = 2\sin^2\frac{3\pi}{4} + 2\cos^2\frac{\pi}{4} + \sec^2\frac{\pi}{3}$$

$$= 2\left(\sin\frac{3\pi}{4}\right)^2 + 2\left(\cos\frac{\pi}{4}\right)^2 + \left(\sec\frac{\pi}{3}\right)^2$$

$$= \sin\frac{3\pi}{4} = \sin\left(\pi - \frac{\pi}{4}\right) = \sin\frac{\pi}{4}$$

$$\{\because \sin\frac{3\pi}{4} = \sin\left(\pi - \frac{\pi}{4}\right) = \sin\frac{\pi}{4}\}$$

$$= 2\left(\frac{1}{\sqrt{2}}\right)^2 + 2\left(\frac{1}{\sqrt{2}}\right)^2 + (2)^2$$

$= 1 + 1 + 4$

$=$ R.H.S.

উদাহরণ 4: **প্রমাণ করো যে,** $\tan 225^\circ \cot 405^\circ + \tan 1485^\circ \cot 315^\circ = 0$

$\tan 225^\circ = \tan(180^\circ + 45^\circ)$

$= \tan 45^\circ$ $\{\therefore$ তৃতীয় পাদ এবং $\pi + \theta$ আকার

$= 1$

একইরকম ভাবে, $\cot 405^\circ = \cot(360^\circ + 45^\circ) = \cot 45^\circ = 1$

$\tan 1485^\circ = \tan(1440^\circ + 45^\circ)$ $\{1440^\circ = 4 \times 360^\circ)$

$= \tan 45^\circ = 1$

$\cot 315^\circ = \cot(270^\circ + 45^\circ)$

$= -\tan 45^\circ$

$= -1$

L.H.S. $= \tan 225^\circ \cot 405^\circ + \tan 1485^\circ \cot 315^\circ$

$= (1)(1) + (1)(-1) = 1 - 1 = 0 =$ R.H.S.

উদাহরণ 5: **প্রমাণ করো যে,** $\frac{\sin\left(\theta - \frac{\pi}{2}\right)}{\cos(\pi - \theta)} + \frac{\tan\left(\frac{\pi}{2} - \theta\right)}{\cot(\pi + \theta)} + \frac{\text{cosec}\left(\frac{\pi}{2} + \theta\right)}{\sec(2\pi - \theta)} = 3$

সমাধান : $\sin\left(\theta - \frac{\pi}{2}\right) = sin\left[-\left(\frac{\pi}{2} - \theta\right)\right] = -\sin\left(\frac{\pi}{2} - \theta\right)$ $\{\therefore \sin(-\theta = sin\theta$

$= -cos\theta$

$\cos(\pi - \theta) = -cos\theta,$

$\tan\left(\frac{\pi}{2} - \theta\right) = \cot\theta,$

$\cot(\pi + \theta) = cot\theta,$

$\text{cosec}\left(\frac{\pi}{2} + \theta\right) = sec\theta,$

$\sec(2\pi - \theta) = sec\theta$

এখন, L.H.S. $= \frac{\sin\left(\theta - \frac{\pi}{2}\right)}{\cos(\pi - \theta)} + \frac{\tan\left(\frac{\pi}{2} - \theta\right)}{\cot(\pi + \theta)} + \frac{\text{cosec}\left(\frac{\pi}{2} + \theta\right)}{\sec(2\pi - \theta)}$

$= \frac{-\cos(\theta)}{-\cos(\theta)} + \frac{\cot\theta}{\cot\theta} + \frac{sec\theta}{sec\theta} = 1 + 1 + 1 = 3$ = R.H.S.

উদাহরণ 6: **Δ PQR এর জন্য, প্রমাণ করো যে, sin (Q + R) = sin P**

সমাধান: আমরা জানি যে Δ PQR এর জন্য

$$m\angle \mathbf{A} + m\angle Q + m\angle R = 180^\circ = \pi$$

$\therefore$ L.H.S. $= \sin(A + R)$

$= \sin(\pi - p)$

$= \sin p$

$=$ R. H. S.

1.3 যোগ ও পার্থক্য সূত্র এবং তাদের প্রয়োগ

1.3.1 যোগ ও পার্থক্য সূত্র

যোগ সূত্র হল এক প্রকার সূত্র যা কোণের সমষ্টির কোণানুপাত সরল করতে সাহায্য করে। ত্রিকোণমিতিতে সমস্যা সমাধানের প্রধান বাধাগুলির মধ্যে একটি হল সমস্যাটিকে সহজ আকারে রূপান্তর করা যা সমাধান করা সহজ। এই পরিস্থিতির সমাধানে যোগফল এবং পার্থক্য সূত্র গুরুত্বপূর্ণ ভূমিকা পালন করে।

1.3.2 দুই কোণের যোগফল এবং পার্থক্যের ত্রিকোণমিতিক অনুপাতের সূত্র

(1) $-1 \le \sin x \le 1$

(2) $\sin(A-B) = \sin A\cos B - \cos A\sin B$

(3) $\cos(A+B) = \cos A\cos B - \sin A\sin B$

(4) $\cos(A-B) = \cos A\cos B + \sin A\sin B$

(5) $\tan(A+B) = \dfrac{\tan A + \tan B}{1 - \tan A\tan B}$

(6) $\tan(A-B) = \dfrac{\tan A - \tan B}{1 + \tan A\tan B}$

(7) $\cot(A+B) = \dfrac{\cot A\cot B - 1}{\cot A + \cot B}$

(8) $\cot(A-B) = \dfrac{\cot A\cot B + 1}{\cot B - \cot A}$

(9) $\sin(A+B)\sin(A-B) = \sin^2 A - \sin^2 B = \cos^2 B - \cos^2 A$

(10) $\cos(A+B)\cos(A-B) = \cos^2 A - \sin^2 B = \cos^2 B - \sin^2 A$

1.3.3 যোগ-পার্থক্য সূত্রের প্রয়োগ

উদাহরণ 1: $\sin 75^\circ = ?$

- সমাধান: আমরা জানি যে $\sin(A + B) = \sin A \cdot \cos B - \cos A \cdot \sin B$

$\therefore \sin 75^\circ = \sin(45^\circ + 30^\circ)$

$= \sin 45° \cdot \cos 30° + \cos 45° \cdot \sin 30°$

$= \frac{1}{\sqrt{2}} \cdot \frac{\sqrt{3}}{2} + \frac{1}{\sqrt{2}} \cdot \frac{1}{2}$

$= \frac{1}{\sqrt{2}}\left(\frac{\sqrt{3}}{2} + \frac{1}{2}\right) = \frac{1}{\sqrt{2}}\left(\frac{\sqrt{3}+1}{2}\right)$

$= \frac{1}{\sqrt{2}} \times \frac{\sqrt{2}}{\sqrt{2}}\left(\frac{\sqrt{3}+1}{2}\right)$

$= \frac{\sqrt{2}}{2}\left(\frac{\sqrt{3}+1}{2}\right) = \cdot\frac{\sqrt{6}+\sqrt{2}}{4}$ { করণী-নিরসন

উদাহরণ 2: **tan 15° =?**

সমাধান : $\tan(A - B) = \frac{\tan A - \tan B}{1 + \tan A \tan B}$

$\therefore \tan 15° = \tan(45° - 30°)$

$$= \frac{1 - \frac{1}{\sqrt{3}}}{\sqrt{3}+1} \times \frac{\sqrt{3}-1}{\sqrt{3}-1} = \frac{3 + 2\sqrt{3} + 1}{3 - 1} = \frac{4 - 2\sqrt{3}}{2} = 2 - \sqrt{3}$$

উদাহরণ 3: **প্রমাণ করো যে, tan 57° =** $\frac{\cos 12^0 + \sin 12^0}{\cos 12^0 - \sin 12^0}$

সমাধান: L.H.S. = tan 57° = tan (45°+12°)

$- \frac{1 + \tan 12^0}{1 - \tan 12^0}$

$= \frac{1 + \tan 12^0}{1 - \tan 12^0} = \frac{1 + \frac{\sin 12^0}{\cos 12^0}}{1 - \frac{\sin 12^0}{\cos 12^0}}$

$= \frac{\cos 12^0 + \sin 12^0}{\cos 12^0 - \sin 12^0}$ =R.H.S.

উদাহরণ 4: **প্রমাণ করো যে, $\tan 50^\circ = \tan 40^\circ + 2\tan 10^\circ$**

সমাধান: $\tan 50^\circ = \tan(40^\circ + 10^\circ)$

$\therefore \quad \tan 50^\circ - \tan 50^\circ \ \tan 40^\circ \ \tan 10^\circ = \tan 40^\circ + \tan 10^\circ$

$\therefore \quad \tan 50^\circ - \cot 40^\circ \ \tan 40^\circ \ \tan 10^\circ = \tan 40^\circ + \tan 10^\circ$

$$\tan\left(\frac{\pi}{2} - \theta\right) = \cot\theta$$

$\therefore \quad \tan 50^\circ - \tan 10^\circ = \tan 40^\circ - \tan 10^\circ$ ($\because \tan\theta + \cot\theta = 1$

$\therefore \quad \tan 50^\circ = \tan 40^\circ + 2\tan 10^\circ$

উদাহরণ 5: $\cos^2\left(\frac{\pi}{4} + x\right) - \sin^2\left(\frac{\pi}{4} - x\right) = ?$

সমাধান: $\cos^2 A - \sin^2 B = \cos(A+B)\cdot\cos(A-B)$

$$\therefore \quad \cos^2\left(\frac{\pi}{4} + x\right) - \sin^2\left(\frac{\pi}{4} - x\right) = \cos\left[\frac{\pi}{4} + x + \frac{\pi}{4} - x\right]\cdot\cos\left[\frac{\pi}{4} + x - \frac{\pi}{4} + x\right]$$

$$= \cos\left[\frac{2\pi}{4}\right]\cdot\cos[2x] = \cos\frac{\pi}{2}\cdot\cos(2x)$$

$$= 0 \cdot \cos 2x = 0$$

1.3.4 গুণের সূত্র প্রয়োগ

দুটি কোণানুপাত এর যোগফল ও বিয়োগফল দুটি কোণানুপাতের গুণফল এ রূপান্তর করার ত্রিকোণমিতিক সূত্রগুলি ত্রিকোণমিতিক অভিব্যক্তি সরলীকরণ্ করতে খুব সহায়ক হতে পারে।

1.3.4.1 যোগফল ও বিয়োগফলকে দুটি কোণানুপাতের গুণফলে রুপান্তর করার সূত্র:

$\sin C + \sin D = 2\sin\frac{C+D}{2}\cos\frac{C-D}{2}$	$\sin C - \sin D = 2\cos\frac{C+D}{2}\sin\frac{C-D}{2}$
$\cos C + \cos D = 2\cos\frac{C+D}{2}\cos\frac{C-D}{2}$	$\cos C - \cos D = -2\sin\frac{C+D}{2}\sin\frac{C-D}{2}$ অথবা $\cos C - \cos D = 2\sin\frac{D+C}{2}\sin\frac{D-C}{2}$

সারণী 1.4: যোগফলকে (আথবা বিয়োগফল) গুণফলের সূত্রে রুপান্তর

উদাহরণ 1: প্রমাণ করো যে, $\sin 65^\circ + \cos 65^\circ = \sqrt{2}\cos 20^\circ$

সমাধান : LHS $= \sin 65^\circ + \cos 65^\circ$

$= \sin 65^\circ + \sin 25^\circ$ {$\therefore \cos 65^\circ = \cos(90^\circ - 25^\circ) = \sin 25^\circ$

$$= 2\sin\left(\frac{65^0 + 25^0}{2}\right)\cdot\cos\left(\frac{65^0 - 25^0}{2}\right)$$

$= 2\sin 90^\circ \cdot \cos 20^\circ$

$= 2\frac{1}{\sqrt{2}.}\cos 20^\circ$

$= \sqrt{2}\cos 20^\circ$ = RHS

উদাহরণ 2: প্রমাণ করো যে, $\cot 2\theta + \tan\theta = \operatorname{cosec} 2\theta$

সমাধান : LHS $= \cot 2\theta + \tan\theta$

$$= \frac{\cos 2\theta}{\sin 2\theta} + \frac{\sin\theta}{\cos\theta}$$

$$= \frac{\cos 2\theta\cdot\cos\theta + \sin 2\theta\cdot\sin\theta}{\sin 2\theta\cdot\cos\theta}$$

$$= \frac{\cos(2\theta - \theta)}{\sin 2\theta\cdot\cos\theta}$$ {$\therefore \cos A\cdot\cos B + \sin A\cdot\sin B = \cos(A-B)$

$$= \frac{\cos\theta}{\sin 2\theta\cdot\cos\theta} = \frac{1}{\sin 2\theta} = \operatorname{cosec} 2\theta = \text{R.H.S.}$$

উদাহরণ: 3 প্রমাণ করো যে,

$$\frac{\sin(A-B)}{\cos A\cos B} + \frac{\sin(B-C)}{\cos B\cos C} + \frac{\sin(C-A)}{\cos C\cos A} = 0$$

সমাধান : LHS = $$\frac{\sin A\cos B}{\cos A\cos B} - \frac{\cos A\sin B}{\cos A\cos B}$$

$$= \frac{\sin A \cos B}{\cos A \cos B} - \frac{\cos A \sin B}{\cos A \cos B} = \tan A - \tan B$$

একই রকম ভাবে, $\dfrac{\sin(B-C)}{\cos B \cos C} = \tan B - \tan C$

এবং $\dfrac{\sin(A-B)}{\cos A \cos B} + \dfrac{\sin(B-C)}{\cos B \cos C} + \dfrac{\sin(C-A)}{\cos C \cos A}$

এখন, $\text{LHS} = \dfrac{\sin(A-B)}{\cos A \cos B} + \dfrac{\sin(B-C)}{\cos B \cos C} + \dfrac{\sin(C-A)}{\cos C \cos A}$

$= \tan A - \tan B + \tan B - \tan C + \tan C - \tan A$

$= 0 \qquad = \text{RHS}$

উদাহরণ: 4 $\sin\dfrac{7\pi}{12} \cdot \cos\dfrac{\pi}{4} - \cos\dfrac{7\pi}{12} \cdot \sin\dfrac{\pi}{4} = ?$

সমাধান: $\sin\dfrac{7\pi}{12} \cdot \cos\dfrac{\pi}{4} - \cos\dfrac{7\pi}{12} \cdot \sin\dfrac{\pi}{4}$

$$= \sin\left(\frac{7\pi}{12} - \frac{\pi}{4}\right) \qquad \{\therefore \sin A \cos B - \cos A \sin B = \sin(A-B)$$

$$= \frac{\sqrt{3}}{2} \quad = \frac{\sqrt{3}}{2}$$

উদাহরণ: 5 যদি 3 cot A cot B = 1, প্রমাণ করো যে, $\cos(\boldsymbol{A}-\boldsymbol{B}) + 2\cos(\boldsymbol{A}+\boldsymbol{B}) = 0$

সমাধান: দেওয়া আছে, 3cotA cotB = 1

$$\therefore \frac{3\cos A \cdot \cos B}{\sin A \cdot \sin B} = 1$$

$$\therefore \frac{\cos A \cos B}{\sin A \sin B} = \frac{1}{3}$$

$$\therefore \frac{\cos A\cdot\cos B+\sin A\cdot\sin B}{\cos A\cdot\cos B-\sin A\cdot\sin B}=\frac{1+3}{1-3}$$

$$\therefore \frac{\cos(A-B)}{\cos(A+B)}=\frac{4}{-2}=-2$$

$$\therefore \cos(A-B)=-2\cos(A+B) \therefore \cos(A-B)+2\cos(A+B)=0$$

1.3.4.2 দুটি কোণানুপাতের গুণফলকে দুটি কোণের যোগফল ও বিয়োগফলে রূপান্তরের সূত্র

দুটি কোণানুপাতের গুণফলকে দুটি কোণের যোগফল ও বিয়োগফলে রূপান্তরের সূত্র ত্রিকোণমিতিক অভিব্যক্তি সরলীকরণ্ করতে খুব সহায়ক হতে পারে।

- $2\sin\alpha\ \cos\beta = \sin(\alpha+\beta) + \sin(\alpha-\beta)$
- $2\cos\alpha\ \sin\beta = \sin(\alpha+\beta) - \sin(\alpha-\beta)$
- $2\cos\alpha\ \cos\beta = \cos(\alpha+\beta) + \cos(\alpha-\beta)$
- $-2\sin\alpha\ \sin\beta = \cos(\alpha+\beta) - \cos(\alpha-\beta)$
- $2\sin\alpha\ \sin\beta = \cos(\alpha-\beta) - \cos(\alpha+\beta)$

উপরের সূত্র মনে রাখার সহজ উপায়

2SC = S + S	2CC = C + C
2CS = S – S	-2SS = C – C

সারণী 1.5: গুণফলকে যোগফলের সূত্রে রূপান্তরের সহজ সাঙ্কেতিক প্রকাশ

উদাহরণ 1: **প্রমাণ করো যে,** $\sin 10^\circ \sin 30^\circ \sin 50^\circ \sin 70^\circ = \frac{1}{16}$

সমাধান: L.H.S. $= \sin 10^\circ \sin 30^\circ \sin 50^\circ \sin 70^\circ$

$$= \frac{1}{2}\ (\sin 10^\circ \sin 50^\circ \sin 70^\circ)$$

$$= \frac{1}{2}\times\frac{1}{2}\times(2\sin 50^\circ \sin 10^\circ)\times \sin 70^\circ$$

$$= \frac{1}{4}\left[\cos(50^0 - 10^0) - \cos(50^0 + 10^0)\right] \times \sin 70^0$$

{∴ $2\sin\alpha \cos\beta = \cos(\alpha-\beta) - \cos(\alpha+\beta)$

$$= \frac{1}{4} \times [\cos 40^o - \cos 60^o] \times \sin 70^o$$

$$= \frac{1}{4}\left[\cos 40^0 - \frac{1}{2}\right] \times \sin 70^0$$

$$= \frac{1}{4} \times \left[\cos 40^0 \sin 70^0 - \frac{1}{2}\sin 70^0\right]$$

$$= \frac{1}{4} \times \left[\frac{1}{2}(2\sin 70^0 \cdot \cos 40^0) - \frac{1}{2}\sin 70^0\right]$$

$$= \frac{1}{4} \times \left[\frac{1}{2}(\sin[70^0 + 40^0] + \sin[70^0 - 40^0]\cos 40^0) - \frac{1}{2}\sin 70^0\right]$$

$$= \frac{1}{4} \times \left[\frac{1}{2}(\sin 110^0 + \frac{1}{2}\sin 30^0 - \frac{1}{2}\sin 70^0\right]$$

$$= \frac{1}{4} \times \left[\frac{1}{2}(\sin(180^0 - 70^0) + \frac{1}{2} \times \frac{1}{2} - \frac{1}{2}\sin 70^0\right]$$

$$= \frac{1}{4} \times \left[\frac{1}{2}\sin 70^0) + \frac{1}{4} - \frac{1}{2}\sin 70^0\right]$$

$$= \frac{1}{4} \times \frac{1}{4} = \frac{1}{16} = R.H.S.$$

উদাহরণ 2: **প্রমাণ করো যে,** $2\cos\frac{5\pi}{12} \cdot \cos\frac{\pi}{12} = \frac{1}{12}$

সমাধান: L.H.S. $= 2\cos\frac{5\pi}{12} \cdot \cos\frac{\pi}{12}$

$$= \cos\left(\frac{5\pi}{12}+\frac{\pi}{12}\right)+\cos\left(\frac{5\pi}{12}+\frac{\pi}{12}\right) \quad \{\therefore 2CC = C+C$$

$$= \cos\left(\frac{\pi}{2}\right)+\cos\left(\frac{\pi}{3}\right) = 0+\frac{1}{2}=\frac{1}{2}$$

= R.H.S.

1.4 গুণিতক এবং অংশ গুণিতক কোণ এর কোণানুপাত:

আমরা জানি যে গুণিতক অথবা অংশ গুণিতক কোণ অপেক্ষা যখন একটি একক কোণ থাকে তখন গণনা সহজ হয়। গুণিতক এবং অংশ গুণিতক কোণের জন্য অনেক সূত্র আছে। এই কোণগুলি জটিল ত্রিকোণমিতিক সমীকরণ সমাধানে দরকারী। এগুলি নেতিবাচক কোণের কোণানুপাত খুঁজে বের করতেও কার্যকর। এই বিভাগে আমরা গুণিতক এবং অংশ গুনিতক কোণের কোণানুপাত তুলে ধরছি।

1.4.1 2A-এর কোণানুপাত

$$\sin 2A = 2\sin A\cos A = \frac{2\tan A}{1+\tan^2 A}$$

$$\cos 2A = \cos^2 A - \sin^2 A = 2\cos^2 A - 1 = 1 - 2\sin^2 A = \frac{1-\tan^2 A}{1+\tan^2 A}$$

$$\tan 2A = \frac{2\tan A}{1-\tan^2 A}, \quad where A \neq (2n+1)\frac{\pi}{4}$$

1.4.2 3A-এর কোণানুপাত

$$\sin 3A = 3\sin A - 4\sin^3 A$$

$$\cos 3A = 4\cos^3 A - 3\cos A$$

$$\tan 3A = \frac{3\tan A - \tan^3 A}{1-3\tan^2 A}, \quad where A \neq (2n+1)\frac{\pi}{6}$$

1.4.3 (A/2)- এর কোণানুপাত

$$sinA = 2sin\frac{A}{2}cos\frac{A}{2} = \frac{2tan\frac{A}{2}}{1+tan^2\frac{A}{2}}$$

$$cosA = cos^2\frac{A}{2} - sin^2\frac{A}{2} = 2cos^2\frac{A}{2} - 1 = 1 - 2sin^2\frac{A}{2} = \frac{1 - tan^2\frac{A}{2}}{1 + tan^2\frac{A}{2}}$$

$$tan\frac{A}{2} = \sqrt{\frac{1 - cosA}{1 + cosA}}$$

$$tanA = \frac{2tan\frac{A}{2}}{1 - tan^2\frac{A}{2}}$$

$$\tan\frac{A}{2} = \frac{\pm\sqrt{\tan^2 A + 1} - 1}{\tan A} = \tan\frac{A}{2} = \pm\sqrt{\frac{1 - \cos A}{1 + \cos A}}$$

$$\cot\frac{A}{2} = \pm\sqrt{\frac{1 + \cos A}{1 - \cos A}}$$

সারণী 1.6: (A/2) সূত্রের কোণানুপাত

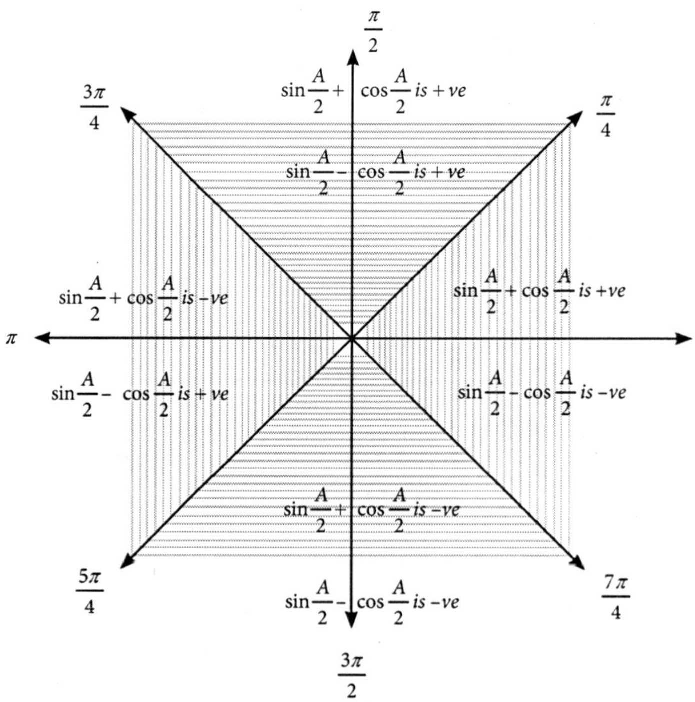

চিত্র: 1.4 $\frac{A}{2}$ কোণের ত্রিকোণমিতিক কোণানুপাতের পাদ

উদাহরণ 1: **প্রমাণ করো যে,**

$$\frac{\sin 2\theta}{1+\cos 2\theta} = \tan\theta$$

সমাধান:

$$L.H.S. = \frac{\sin 2\theta}{1+\cos 2\theta} = \frac{2\sin\theta\cos\theta}{1+2\cos^2\theta-1} = \frac{2\sin\theta\cos\theta}{2\cos^2\theta} = \frac{\sin\theta}{\cos\theta}$$

$$= \tan\theta = R.H.S.$$

উদাহরণ 2: **প্রমাণ করো যে,**

$$\frac{1+\sin 2\theta}{1-\sin 2\theta} = \tan^2\left(\frac{\pi}{4}+\theta\right)$$

সমাধান:

$$L.H.S. = \frac{1+\sin 2\theta}{1-\sin 2\theta}$$

$$= \frac{1+\dfrac{2\tan\theta}{1+\tan^2\theta}}{1-\dfrac{2\tan\theta}{1+\tan^2\theta}}$$

$$= \frac{\dfrac{1+\tan^2\theta+2\tan\theta}{1+\tan^2\theta}}{\dfrac{1+\tan^2\theta-2\tan\theta}{1+\tan^2\theta}}$$

$$= \frac{1+\tan^2\theta+2\tan\theta}{1+\tan^2\theta-2\tan\theta}$$

$$= \frac{(1+\tan\theta)^2}{(1-\tan\theta)^2} = \left(\frac{1+\tan\theta}{1-\tan\theta}\right)^2$$

$$= \left[\tan\left(\frac{\pi}{4}+\theta\right)\right]^2 = \tan^2\left(\frac{\pi}{4}+\theta\right)$$

$$= R.H.S.$$

উদাহরণ 3: **প্রমাণ করো যে,**

$$\frac{1+\sin 2A-\cos 2A}{1+\sin 2A+\cos 2A}=\tan A$$

সমাধান: $L.H.S.=\dfrac{1+\sin 2A-\cos 2A}{1+\sin 2A+\cos 2A}$

$$=\frac{1+2\sin A\cos A-(1-2\sin^2 A)}{1+2\sin A\cos A+(2\cos^2 A-1)}$$

$$=\frac{1+2\sin A\cos A-1+2\sin^2 A}{1+2\sin A\cos A+2\cos^2 A-1}$$

$$=\frac{2\sin A\cos A+2\sin^2 A}{2\sin A\cos A+2\cos^2 A}$$

$$=\frac{2\sin A(\cos A+\sin A)}{2\cos A(\sin A+2\cos A)}$$

$$=\frac{\sin A}{\cos A}$$

$$=\tan A=R.H.S.$$

উদাহরণ 4: **প্রমাণ করো যে,**

$$\frac{\sin 3\theta-\sin\theta}{\cos 3\theta+\cos\theta}=\tan\theta$$

সমাধান: $L.H.S.=\dfrac{\sin 3\theta-\sin\theta}{\cos 3\theta+\cos\theta}$

$$=\frac{3\sin\theta-4\sin^3\theta-\sin\theta}{4\cos^3\theta-3\cos\theta+\cos\theta}$$

$$=\frac{2\sin\theta-4\sin^3\theta}{4\cos^3\theta-2\cos\theta}$$

$$=\frac{2\sin\theta(1-2\sin^2\theta)}{2\cos\theta(2\cos^2\theta-1)}$$

$$=\frac{2\sin\theta\cos 2\theta}{2\cos\theta\cos 2\theta}=\frac{\sin\theta}{\cos\theta}$$

$$=\tan\theta=R.H.S.$$

উদাহরণ 5: **প্রমাণ করো যে,**

$$\cos 6A = 32\cos^6 A - 48\cos^4 A + 18\cos^2 A - 1$$

সমাধান:

$$L.H.S. = \cos 6A$$

$$= 2\cos^2 3A - 1 \qquad (\because \cos 2A = 2\cos^2 A - 1$$

$$= 2(4\cos^3 A - 3\cos A)^2 - 1$$

$$= 2(16\cos^6 A - 24\cos^4 A + 9\cos^2 A) - 1$$

$$= 32\cos^6 A - 48\cos^4 A + 18\cos^2 A - 1$$

$$= R.H.S.$$

1.5 $\sin x, \cos x, \tan x, e^x$ অপেক্ষকের লেখচিত্র

একটি অপেক্ষকের লেখচিত্র প্রায়ই ফাংশন মডেলের সম্পর্ক চাক্ষুষ করার একটি কার্যকরী উপায়, এবং একটি অপেক্ষকের জন্য একটি গাণিতিক অভিব্যক্তি ব্যবহার করে যা অপেক্ষকের বৈশিষ্ট্যগুলিতে আলো ফেলতে পারে। সমীকরণ হিসেবে অপেক্ষকের উপস্থিতি অনেক গুরুত্বপূর্ণ ঘটনার মডেল হতে পারে। বিভিন্ন প্রাকৃতিক এবং যান্ত্রিক ঘটনা (জনসংখ্যা, তরঙ্গ, ইঞ্জিন, ধ্বনিবিদ্যা, ইলেকট্রনিক্স, UV তীব্রতা, উদ্ভিদের বৃদ্ধি ইত্যাদি) মডেল করার জন্য লেখচিত্র ব্যবহার করা হয়। এই অধ্যায়ের ত্রিকোণমিতিক লেখচিত্রগুলি পর্যায়ক্রমিক, যার অর্থ আকৃতিটি নির্দিষ্ট সময়ের পরে ঠিক একইভাবে পুনরাবৃত্তি করে।

ত্রিকোণমিতিক অপেক্ষকের লেখচিত্র:

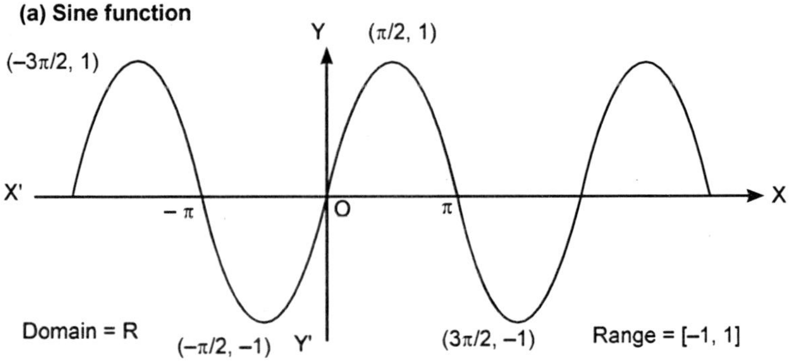

চিত্র: 1.5 Graph of Sine Function

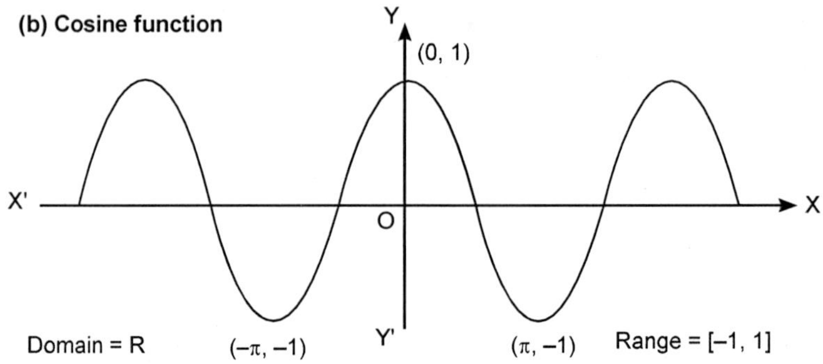

চিত্র: 1.6 Graph of Cosine Function

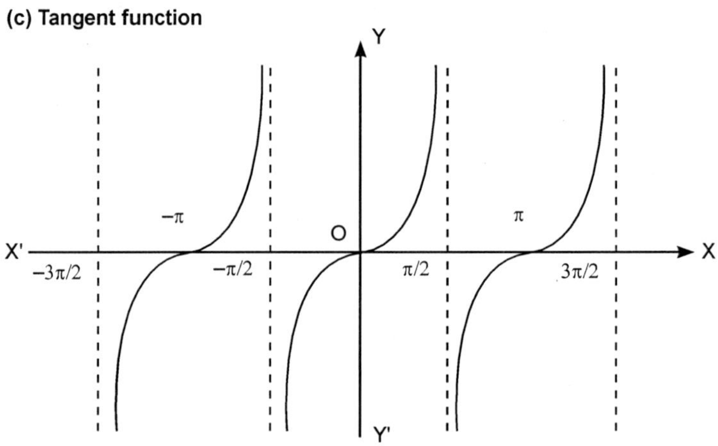

Domain = R –{(2n + 1) π/2|n ∈ I} Range = R

চিত্র: 1.7 Graph of Tangent Function

$y=e^x$, অপেক্ষকের লেখচিত্র হল:

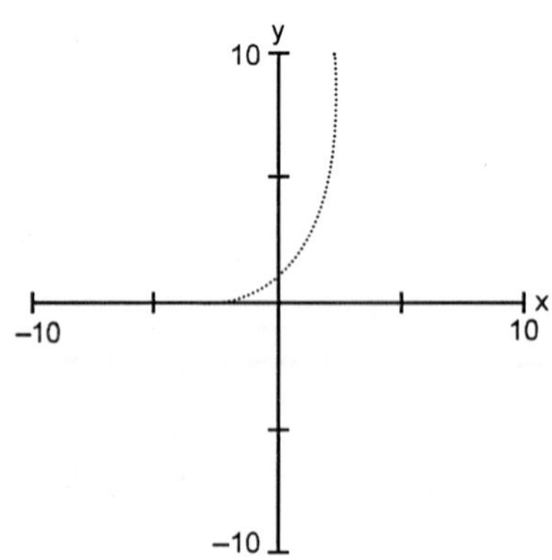

চিত্র: 1.8 $y=e^x$

উদাহরণ 1: y=sinx $\left(-90^0 < x < 90^0\right)$, অপেক্ষকের লেখচিত্র অঙ্কন করো

সমাধান: ধরা যাক, $x = -60^0$ তাহলে $y = \sin(-60^0) = -\sin(60^0)$ = -0.86, সুতরাং

X	-60^0	-30^0	0^0	30^0	60^0
sinx	-0.86	-0.5	0	0.5	0.86

সারণী 1.7: sin x এর মান $\left(-90^0 < x < 90^0\right)$ এর জন্য

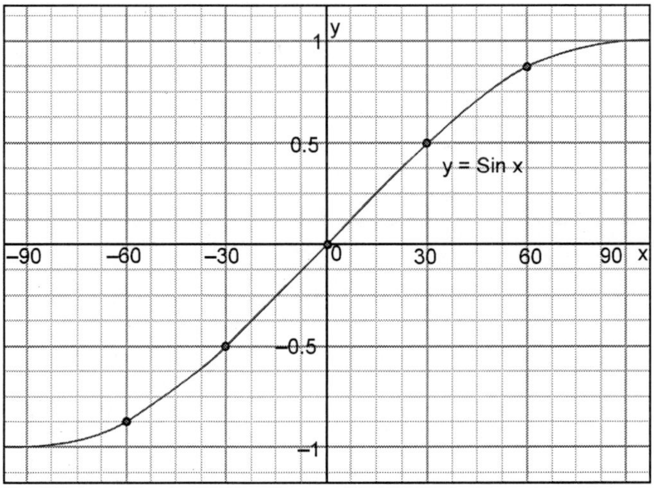

চিত্র: 1.9 y=sinx $\left(-90^0 < x < 90^0\right)$

উদাহরণ 2: y=3cos2x $\left(-\pi / 4 \le x \le \pi / 4\right)$, অপেক্ষকের লেখচিত্র অঙ্কন করো

সমাধান:

X	-45^0	-30^0	0^0	30^0	45^0
y=3cos2x	0	-1.5	3	1.5	0

সারণী 1.8: y = 3cos2x এর মান $\left(-\pi / 4 \le x \le \pi / 4\right)$ এর জন্য

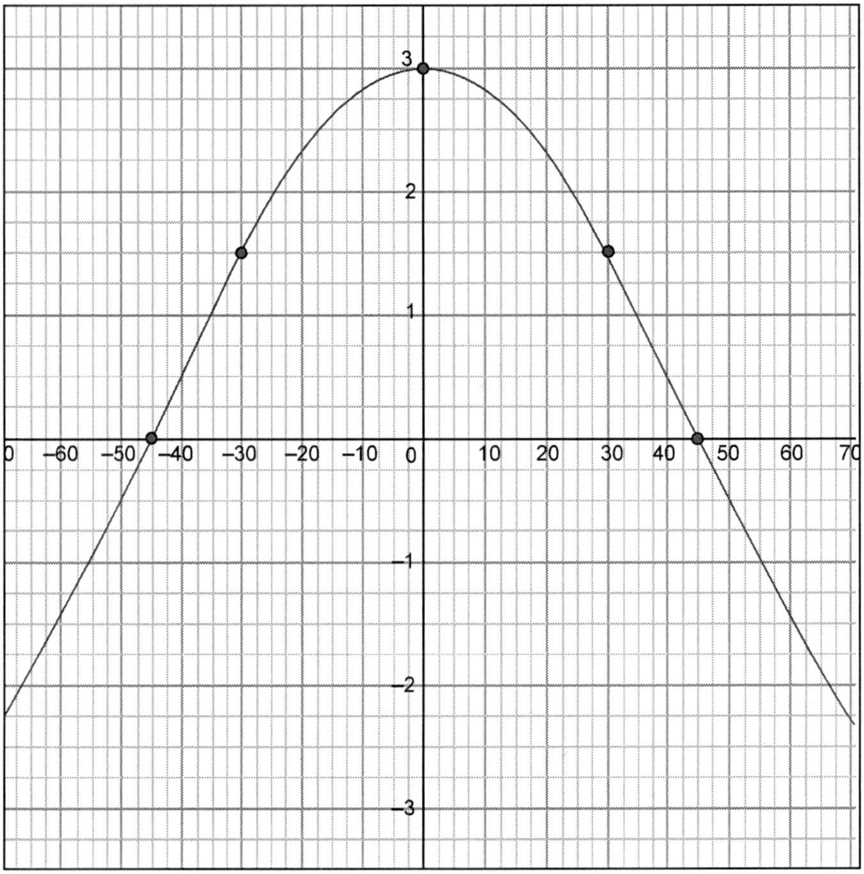

চিত্র: 1.10 y=3cos2x $\left(-\pi / 4 \leq x \leq \pi / 4\right)$

উদাহরণ 3: y=tanx, অপেক্ষকের লেখচিত্র অঙ্কন করো

সমাধান:

X	-60^0	-30^0	0^0	30^0	60^0
tanx	-1.73	-0.58	0	0.58	1.73

সারণী 1.9: y = tan x এর মান $\left(-60^0 \leq x \leq 60^0\right)$ এর জন্য

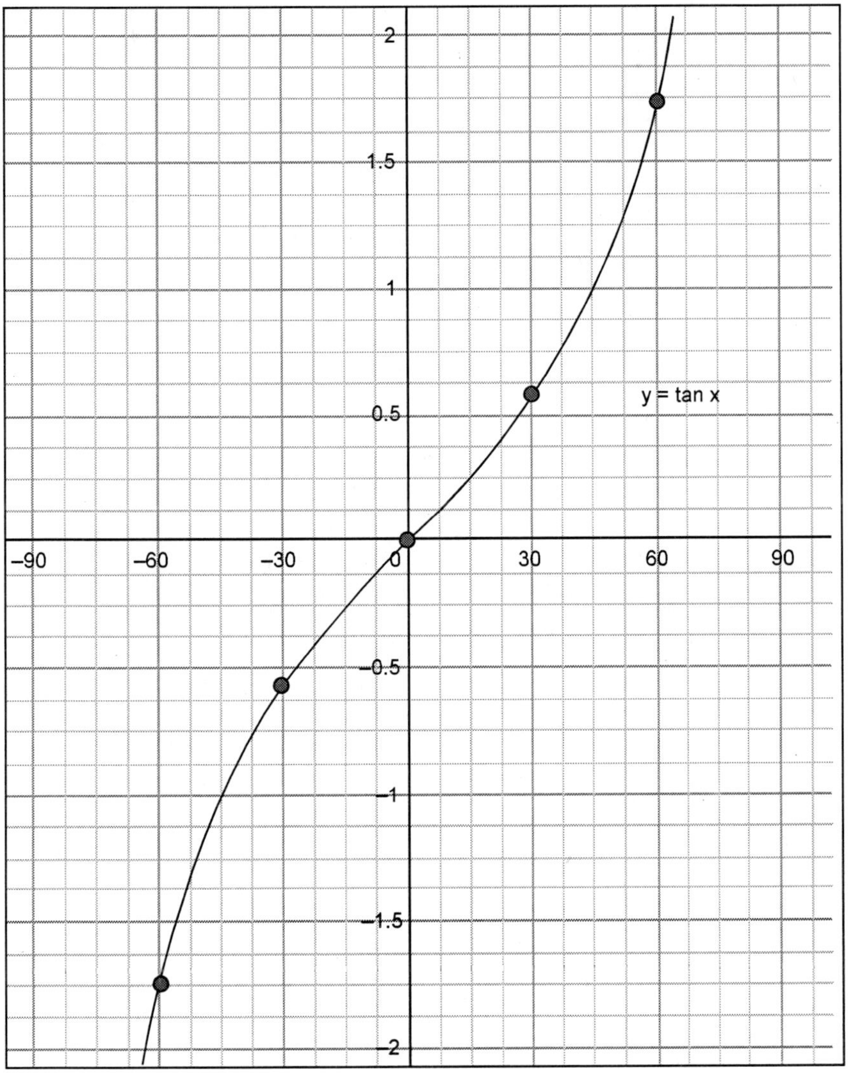

চিত্র: 1.11 y=tanx

উদাহরণ 4: $y = e^{2x}$, অপেক্ষকের লেখচিত্র অঙ্কন করো

সমাধান:

X	-1	-1/2	0	1/2	1
e^{2x}	0.1	0.4	1	2.8	7.4

সারণী 1.10: $y = e^{2x}$ এর মান $\left(-1^0 \le x \le 1\right)$ এর জন্য

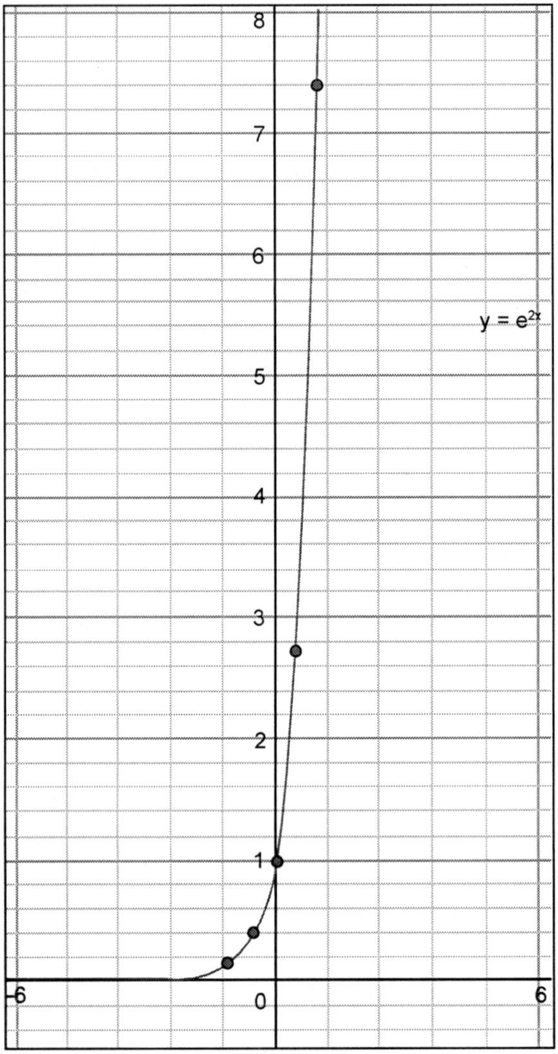

চিত্র: **1.12** $y = e^{2x}$

প্রয়োগ (বাস্তব জীবন ও শিল্পে)

(1) বিমানের গতিপথ

বিমানের গতিপথ নির্ধারণে ত্রিকোণমিতির প্রয়োগ: ধর একটি বিমান সমুদ্রপৃষ্ঠে অবস্থিত তার প্রস্থান বিন্দু থেকে 20 (ডিগ্রী) **একটি ধ্রুবক কোণে আরোহণ করে। এটি ক্রুজের উচ্চতায় না পৌঁছানো পর্যন্ত এই কোণে আরোহণ করতে থাকে। ধর এর ক্রুজ উচ্চতা সমুদ্রপৃষ্ঠ থেকে** 29,580 **ফুট। তাহলে,**

প্রশ্ন 1: বিমানটি তার প্রস্থান বিন্দু থেকে তার ক্রুজ উচ্চতায় পৌঁছাতে কত দূরত্ব ভ্রমণ করে?

প্রশ্ন 2: বিমানটি তার প্রস্থান বিন্দু থেকে তার ক্রুজ উচ্চতায় যাওয়ার সময় অনুভূমিকভাবে কত দূরত্ব অতিক্রান্ত করে?

(2) আনত তল

বিজ্ঞান এবং প্রকৌশল কার্যত প্রতিটি ক্ষেত্রে কার্য একটি গুরুত্বপূর্ণ ধারণা। কোনো বস্তুকে সরানোর জন্য কার্য করতে হয়; বৈদ্যুতিক ক্ষেত্রের মধ্য দিয়ে একটি ইলেকট্রন স্থানান্তর করতে কার্য লাগে; মাধ্যাকর্ষণ শক্তি অতিক্রম করতে কার্য করতে হয়; ইত্যাদি। আমরা সেই ক্ষেত্রে বিবেচনা করি যেখানে আমরা 300 পাউন্ড ওজন বাড়াতে সহায়তা করার জন্য একটি আনত তল ব্যবহার করি। আনত থাকা সমতলটি এমনভাবে অবস্থিত যে একটি প্রান্ত মাটিতে এবং অন্য প্রান্তটি মাটির 4 ফুট উপরে একটি পৃষ্ঠের উপর অবস্থিত।

প্রশ্ন 3: যদি আনত তল এর দৈর্ঘ্য 12 ফুট হয় তাহলে, আনত তল মাটির সাথে কত কোণ তৈরি করে?

(3) জরিপ

সিভিল ইঞ্জিনিয়ারিংয়ের আরেকটি ক্ষেত্র হচ্ছে জরিপ। বিশেষ করে, আগুনের বিরুদ্ধে লড়াই করতে বন রেঞ্জারদের সাহায্য করতে কিভাবে ত্রিকোণমিতি ব্যবহার করা যেতে পারে তা তদন্ত করতে আগ্রহী হতে পারে। ধরা যাক যে একজন ফায়ার গার্ড তার হিলটপ লুকআউট লোকেশনের দক্ষিণে আগুন ধরেছে দেখতে পায়। হিলটপ লুকআউট লোকেশনের পূর্বে 11 মাইল দূরে অবস্থিত ওয়াচ টাওয়ারে দ্বিতীয় ফায়ার গার্ড দায়িত্ব পালন করছে। এই দ্বিতীয় গার্ড একই আগুন চিহ্নিত করে এবং উত্তর থেকে 2150 (কোণ) পরিমাপ করে।

প্রশ্ন 4: হিলটপ লুকআউট লোকেশন থেকে আগুন কত দূরে?

ইউনিটের সারাংশ

এই ইউনিটের প্রথম ভাগে কোণের ধারণা, কোণ পরিমাপের বিভিন্ন পদ্ধতি এবং তাদের মধ্যে পারস্পরিক সম্পর্ক জানার জন্য নিবেদিত। দ্বিতীয় এবং তৃতীয় ভাগে সংযুক্ত কোণের কোণানুপাত, যৌগিক বা মিশ্র কোণের কোণানুপাত, যোগফল ও গুণফলের রূপান্তর, গুনিতক কোনের কোণানুপাত, অংশ-গুনিতক কোণের কোণানুপাত বিষয় নিয়ে আলোচনা করা হয়েছে। পরিশেষে, চতুর্থ ভাগে sin x, cos x, tan x এবং e^x এর লেখচিত্র সম্পর্কে আলোচনা করা হয়েছে। প্রতিটি বিষয় সংশোধিত ব্লুমের ট্যাক্সোনোমি অনুযায়ী কাঠিন্যের ক্রমবর্ধমান স্তর অনুসারে প্রচুর উদাহরণ সহযোগে উপস্থাপনা করা হয়েছে। অনুশীলনের জন্য যে সমস্ত প্রশ্ন গুলো দেওয়া হয়েছে তা অনুরূপ ক্রমানুযায়ী দেওয়া হয়েছে। ত্রিকোণমিতির মূল ধারণা এবং প্রয়োগকে শক্তিশালী করার জন্য নতুন কিছু উদাহরণ দেওয়া হয়েছে।আরো নতুন কিছু মৌখিক প্রশ্ন দেওয়া হয়েছে যা মূল পদ এবং ধারণার ধারণামূলক মূল্যায়ন করতে সাহায্য করবে। অন্যদিকে, বীজগণিতের সমস্যাগুলি শিক্ষার্থীদের বীজগাণিতিক সূত্রের যথাযথ প্রয়োগ করতে শেখায়। লেখচিত্র সম্পর্কিত সমস্যাগুলি শিক্ষার্থীদের লেখচিত্র বিশ্লেষণ এবং লেখচিত্র অঙ্কন এর দক্ষতা পরিমাপ করতে সহায়তা করে। শিক্ষার্থীরা গণনা করতে জানলে সংখ্যাসূচক সমস্যার সমাধান করতে পারবে। বাস্তব-জীবনের বিভিন্ন সমস্যার সমাধানে এগুলির প্রয়োগ আমরা দেখতে পাই।

অনুশীলনী

সঠিক উত্তর নির্বাচন ধর্মী প্রশ্ন

1. যদি x এর বাস্তব মানের জন্য $\cos\theta = x + \frac{1}{x}$ হয়, তাহলে

   (a) θ একটি সূক্ষ্মকোণ হয় (b) θ একটি সমকোণ হয়

   (c) θ একটি স্থূলকোণ হয় (d) θ এর কোন মান সম্ভব নয়

2. ভুল বক্তব্যটি হল:

(a) $\sin\theta = -\frac{1}{5}$ (b) $\cos\theta = 1$

(c) $\sec\theta = \frac{1}{2}$ (d) $\tan\theta = 20$

3. $\sec^2\theta = \frac{4xy}{(x+y)^2}$ সম্ভব হবে যদি

(a) $x = y$ (b) $x < y$

(c) $x > y$ (d) কোনটাই নয়

4. যদি $\sin\theta + \text{cosec}\theta = 2,$ হয়, তাহলে $\sin^{10}\theta + \text{cosec}^{10}\theta = ?$

(a) 10 (b) 2^{10}

(c) 2^9 (d) 2

5. যদি $\sin\theta = \frac{24}{25}$ এবং θ দ্বিতীয় পাদে অবস্থিত হয়, তাহলে $\sec\theta + \tan\theta = ?$

(a) – 3 (b) – 5

(c) – 7 (d) – 9

6. যদি θ দ্বিতীয় পাদে অবস্থিত হয়, তাহলে $\sqrt{\left(\frac{1-\sin\theta}{1+\sin\theta}\right)} + \sqrt{\left(\frac{1+\sin\theta}{1-\sin\theta}\right)} = ?$

(a) $2\sec\theta$ (b) $-2\sec\theta$

(c) $2\text{cosec}\theta$ (d) কোনটাই নয়

7. যদি $\tan\theta + \sec\theta = e^x$ হয়, তাহলে $\cos\theta = ?$

(a) $\frac{(e^x + e^{-x})}{2}$ (b) $\frac{2}{(e^x + e^{-x})}$

(c) $\frac{(e^x - e^{-x})}{2}$ (d) $\frac{(e^x - e^{-x})}{(e^x + e^{-x})}$

8. $\cos A + \sin(270° + A) - \sin(270° - A) + \cos(180° + A) = ?$

(a) – 1 (b) 0

(c) 1 (d) কোনটাই নয়

9. যদি $x = y\cos\frac{2\pi}{3} = z\cos\frac{4\pi}{3}$ হয়, তাহলে $xy + yz + zx = ?$

(a) -1 (b) 0

(c) 1 (d) 2

10. $\tan 20° + \tan 40° + \sqrt{3}\tan 20°\tan 40° = ?$

(a) $\frac{1}{\sqrt{3}}$ (b) $\sqrt{3}$

(c) $-\frac{1}{\sqrt{3}}$ (d) $-\sqrt{3}$

11. $\tan 75° - \cot 75° = ?$

(a) $2\sqrt{3}$ (b) $2+\sqrt{3}$

(c) $2-\sqrt{3}$ (d) কোনটাই নয়

12. $\frac{\sin^2 A - \sin^2 B}{\sin A\cos A - \sin B\cos B} = ?$

(a) $\tan(A-B)$ (b) $\tan(A+B)$

(c) $\cot(A-B)$ (d) $\cot(A+B)$

13. $\cos 12° + \cos 84° + \cos 156° + \cos 132° = ?$

(a) $\frac{1}{2}$ (b) 1

(c) $-\frac{1}{2}$ (d) $\frac{1}{8}$

14. $\cos 52° + \cos 68° + \cos 172° = ?$

(a) 0 (b) 1

(c) 2 (d) $\frac{3}{2}$

15. $\frac{\cos 17° + \sin 17°}{\cos 17° - \sin 17°} = ?$

(a) $\tan 62°$ (b) $\tan 56°$

(c) $\tan 54°$ (d) $\tan 73°$

16. $\cos\frac{2\pi}{15}\cos\frac{4\pi}{15}\cos\frac{8\pi}{15}\cos\frac{16\pi}{15} = ?$

(a)½ (b) 1/4

(c)1/8 (d) 1/16

17. $\cos^2\frac{\pi}{12}+\cos^2\frac{\pi}{4}+\cos^2\frac{5\pi}{12}=?$

(a) $\frac{3}{2}$ (b) $\frac{2}{3}$

(c) $\frac{3+\sqrt{3}}{2}$ (d) $\frac{2}{3+\sqrt{3}}$

18. $\sin\frac{\pi}{16}\sin\frac{3\pi}{16}\sin\frac{5\pi}{16}\sin\frac{7\pi}{16}=?$

(a) $\frac{1}{16}$ (b) $\frac{\sqrt{2}}{16}$

(c) $\frac{1}{8}$ (d) $\frac{\sqrt{2}}{8}$

19. $\cos^2 76^o+\cos^2 16^o-\cos 76^o\cos 16^o=?$

(a) $-1/4$ (b) 1/2

(c) 0 (d) 3/4

20. $\cos\frac{\pi}{7}\cos\frac{2\pi}{7}\cos\frac{4\pi}{7}=?$

(a)0 (b) $\frac{1}{2}$

(c) $\frac{1}{4}$ (d) $-\frac{1}{8}$

21. $\frac{\tan 70^o-\tan 20^o}{\tan 50^o}=?$

(a)1 (b) 2

(c)3 (d) 0

22. $\cos^2\alpha+\cos^2(\alpha+120°)+\cos^2(\alpha-120°)=?$

(a)3/2 (b) 1

(c)½ (d) 0

23. $\tan 20^o+2\tan 50^o-\tan 70^o=?$

(a)1(b) 0

(c) $\tan 50^o$ (d) কোনটাই নয়

24. যদি $\cos(A-B)=\frac{3}{5}$ এবং $\tan A\tan B=2$ হয়, তাহলে

(a) $\cos A\cos B=\frac{1}{5}$ (b) $\sin A\sin B=-\frac{2}{5}$

(c) $\cos A\cos B=-\frac{1}{5}$ (d) $\sin A\sin B=-\frac{1}{5}$

25. $\sin 12°\sin 48°\sin 54°=?$

(a) 1/16 (b) 1/32

(c) 1/8 (d) 1/4

26. $\cos\frac{\pi}{5}\cos\frac{2\pi}{5}\cos\frac{4\pi}{5}\cos\frac{8\pi}{5}=?$

(a) 1/16 (b) 0

(c) – 1/8 (d) –1/16

27. $\frac{\cos 12°-\sin 12°}{\cos 12°+\sin 12°}+\frac{\sin 147°}{\cos 147°}=?$

(a) 1 (b) – 1

(c) 0 (d) কোনটাই নয়

28. $\tan 20°\tan 40°\tan 60°\tan 80°=?$

(a) 1 (b) 2

(c) 3 (d) $\sqrt{3}/2$

29. $\cos 20°\cos 40°\cos 80°=?$

(a) ½ (b) 1/4

(c) 1/6 (d) 1/8

30. $\sin 36°\sin 72°\sin 108°\sin 144°=?$

(a) ¼ (b) 1/16

(c) ¾ (d) 5/16

31. যদি $\sec\theta=1\frac{1}{4}$ হয়, তাহলে $\tan\frac{\theta}{2}=?$

(a) $\frac{1}{3}$ (b) $\frac{3}{4}$

(c) $\frac{1}{4}$ (d) $\frac{5}{4}$

32. যদি $\tan\frac{A}{2}=\frac{3}{2}$ হয়, তাহলে $\frac{1+\cos A}{1-\cos A}=?$

(a) -5 (b) 5

(c) $9/4$ (d) $4/9$

33. যদি $\cos A=\frac{\sqrt{3}}{2}$ হয়, তাহলে $\tan 3A=?$

(a) 0 (b) $1/2$

(c) 1 (d) ∞

34. $\sin 4\theta$ কে লেখা যায়

(a) $4\sin\theta(1-2\sin^2\theta)\sqrt{1-\sin^2\theta}$ (b) $2\sin\theta\cos\theta\sin^2\theta$

(c) $4\sin\theta-6\sin^3\theta$ (d) কোনটাই নয়

35. $\frac{\sin 2A}{1+\cos 2A}\cdot\frac{\cos A}{1+\cos A}=?$

(a) $\tan\frac{A}{2}$ (b) $\cot\frac{A}{2}$

(c) $\sec\frac{A}{2}$ (d) $\operatorname{cosec}\frac{A}{2}$

36. $\frac{1}{\tan 3A-\tan A}-\frac{1}{\cot 3A-\cot A}=?$

(a) $\tan A$ (b) $\tan 2A$

(c) $\cot A$ (d) $\cot 2A$

37. $\operatorname{cosec} A-2\cot 2A\cos A=?$

(a) $2\sin A$ (b) $\sec A$

(c) $2\cos A\cot A$ (d) কোনটাই নয়

38. যদি $\cos 3\theta=\alpha\cos\theta+\beta\cos^3\theta$ হয়, তাহলে $(\alpha,\beta)=?$

(a) $(3,4)$ (b) $(4,3)$

(c) $(-3,4)$ (d) $(3,-4)$

39. $(\cos\alpha+\cos\beta)^2+(\sin\alpha+\sin\beta)^2=?$

(a) $4\cos^2\frac{\alpha-\beta}{2}$ (b) $4\sin^2\frac{\alpha-\beta}{2}$

(c) $4\cos^2\frac{\alpha+\beta}{2}$ (d) $4\sin^2\frac{\alpha+\beta}{2}$

40. যদি $\tan x = \frac{b}{a}$ হয়, তাহলে $\sqrt{\frac{a+b}{a-b}} + \sqrt{\frac{a-b}{a+b}} = ?$

(a) $\frac{2\sin x}{\sqrt{\sin 2x}}$ (b) $\frac{2\cos x}{\sqrt{\cos 2x}}$

(c) $\frac{2\cos x}{\sqrt{\sin 2x}}$ (d) $\frac{2\sin x}{\sqrt{\cos 2x}}$

41. $1-2\sin^2\left(\frac{\pi}{4}+\theta\right) = ?$

(a) $\cos 2\theta$ (b) $-\cos 2\theta$

(c) $\sin 2\theta$ (d) $-\sin 2\theta$

42. $\frac{\sin 3A - \cos\left(\frac{\pi}{2} - A\right)}{\cos A + \cos(\pi + 3A)} = ?$

(a) $\tan A$ (b) $\cot A$

(c) $\tan 2A$ (d) $\cot 2A$

43. যদি $\tan A = \frac{1}{2}$ হয়, তাহলে $\tan 3A = ?$

(a) $\frac{9}{2}$ (b) $\frac{11}{2}$

(c) $\frac{7}{2}$ (d) $-\frac{1}{2}$

44. $\frac{\sqrt{1+\sin x} + \sqrt{1-\sin x}}{\sqrt{1+\sin x} - \sqrt{1-\sin x}} = ?$ (x দ্বিতীয় পাদে অবস্থিত হয়)

(a) $\sin\frac{x}{2}$ (b) $\tan\frac{x}{2}$

(c) $\sec\frac{x}{2}$ (d) $\operatorname{cosec}\frac{x}{2}$

45. $(\sec 2A + 1)\sec^2 A = ?$

(a) $\sec A$ (b) $2\sec A$

(c) $\sec 2A$ (d) $2\sec 2A$

সঠিক উত্তর নির্বাচন ধর্মী প্রশ্নের উত্তর									
1.	d	**2.**	c	**3.**	a	**4.**	d	**5.**	c
6.	b	**7.**	b	**8.**	b	**9.**	b	**10.**	b
11.	a	**12.**	b	**13.**	c	**14.**	a	**15.**	a
16.	d	**17.**	a	**18.**	b	**19.**	d	**20.**	d
21.	b	**22.**	a	**23.**	b	**24.**	a	**25.**	c
26.	d	**27.**	c	**28.**	c	**29.**	d	**30.**	d
31.	a	**32.**	d	**33.**	d	**34.**	a	**35.**	a
36.	d	**37.**	a	**38.**	c	**39.**	a	**40.**	b
41.	d	**42.**	d	**43.**	b	**44.**	b	**45.**	d

বিষয় ভিত্তিক সংক্ষিপ্ত এবং রচনাধর্মী প্রশ্ন

Q.1 কোণের পরিমাপের অবশিষ্ট দুটি এককে নিম্নলিখিতগুলিকে রূপান্তর কর।

(i) 30^0 (ii) 2^G (iii) $\frac{\pi}{3}^R$

Q.2 প্রদত্ত কোণগুলোকে রেডিয়ানে প্রকাশ কর।

(i) 660^0 (ii) -270^0 (iii) 1440^0 (iv) 0^0

Q.3 প্রদত্ত কোণগুলোকে ডিগ্রীতে প্রকাশ কর।

(i) 17π (ii) $\frac{9\pi}{2}$ (iii) $\frac{82\pi}{6}$ (iv) $\frac{\pi}{3}$

Q.4 মান নির্ণয় কর।

(i) $\sec\left(-2025^0\right)$ (ii) $\cos\left(-5\pi+\theta\right)$ (iii) $\cot\left(\frac{5\pi}{6}\right)$

Q.5 $\tan\frac{\pi}{20}\cdot\tan\frac{3\pi}{20}\cdot\tan\frac{5\pi}{20}\cdot\tan\frac{7\pi}{20}\cdot\tan\frac{9\pi}{20}$ এর মান নির্ণয় কর।

Q.6 একটি চক্রীয় চতুর্ভুজ ABCD তে, প্রমাণ কর

$$\cos\left(180^0-A\right)-\sin\left(90^0+B\right)+\cos\left(180^0+C\right)-\sin\left(90^0+D\right)=0$$

Q.7 প্রমাণ কর, $\frac{\tan\left(\frac{\pi}{2}+\theta\right)}{\cot\left(\pi-\theta\right)}+\frac{\sin\left(\pi+\theta\right)}{\sin\left(2\pi-\theta\right)}+\frac{\cos\left(2\pi+\theta\right)}{\sin\left(\frac{\pi}{2}+\theta\right)}=3$

Q.8 প্রমাণ কর, $\tan 660^0 \cot 1320^0 + \cot 390^0 \tan 210^0 = 0$

Q.9 প্রমাণ কর, $\sin(A+B)\sin(A-B) = \sin^2 A - \sin^2 B$

Q.10 মান নির্ণয় কর:

(i) $\cot 75^0$ (ii) $\tan\left(\frac{25\pi}{2}\right)$

Q.11 প্রমাণ কর, $\cot\theta = \sqrt{2}\cos\left(\frac{\pi}{4}+\theta\right)+\sin\theta$

Q.12 প্রমাণ কর, $\tan 56^0 = \frac{\cos 11^0 + \sin 11^0}{\cos 11^0 - \sin 11^0}$

Q.13 প্রমাণ কর, $\frac{\sin(\alpha+\beta)}{\sin(\alpha+\gamma)} = \cos(\alpha-\gamma)+(\alpha+\gamma)\sin(\alpha-\gamma)$

Q.14 প্রমাণ কর, $\sin\left[(n+1)x\right]\cdot\sin\left[(n+2)x\right]\cdot\sin\left[(n+3)x\right]\cdot\sin\left[(n+4)x\right] = \cos x$

Q.15 ΔABC ত্রিভুজ এর জন্য, প্রমাণ কর, $\tan A + \tan B + \tan C = \tan A \tan B \tan C$

Q.16 প্রমাণ কর,

(i) $\frac{\sin 5A - \sin 3A}{\cos 5A + \cos 3A} - \frac{1}{\cot A}$ (ii) $\frac{\cos 7A + \cos 5A}{\sin 7A - \sin 5A} = \cot A$

Q.17 প্রমাণ কর, $\frac{\sin 8\theta\cos\theta - \cos 3\theta\sin 6\theta}{\cos 2\theta\cos\theta - \sin 3\theta\sin 4\theta} = \tan 2\theta$

Q.18 প্রমাণ কর, $\sin 10^0 \sin 30^0 \sin 50^0 \sin 70^0 = \frac{1}{16}$

Q.19 প্রমাণ কর, $\tan A + \cot A = 2\operatorname{cosec} 2A$ এবং প্রমাণ কর, $\tan 15^0 + \cot 15^0 = 4$

Q.20 মান নির্ণয় কর: $\tan\frac{\pi}{8}$

Q.21 প্রমাণ কর, $\sqrt{2+\sqrt{2+\sqrt{2+2\cos\theta}}} = 2\cos\theta$

Q.22 প্রমাণ কর, $\sin A\sin\left(60^0 + A\right)\sin\left(60^0 - A\right) = \frac{1}{4}\sin 3A$

Q.23 প্রমাণ কর, $\frac{\sin 3\theta}{\sin\theta} - \frac{\cos 3\theta}{\cos\theta} = 2$

Q.24 প্রমাণ কর, $\sqrt{\frac{1-\cos 2\theta}{2}} = \pm\sin\theta$

Q.25 যদি $\tan\theta = \frac{1}{3}$ $\left(0\langle\theta\langle\frac{\pi}{2}\right)$ হয়, তাহলে প্রমাণ কর, $10\sin\theta + 15\cos\theta - 18 = 0$

Q.26 প্রমাণ কর, $\frac{1+\sin\theta-\cos\theta}{1+\sin\theta+\cos\theta} = \tan\frac{\theta}{2}$

Q.27 প্রদত্ত অপেক্ষকের লেখচিত্র অঙ্কন কর:

(i) $y = \sin x \quad \left(0 \le x \le 2\pi\right)$ (ii) $y = 2\cos x \quad \left(-\frac{\pi}{2} \le x \le \frac{\pi}{2}\right)$

Q.28 প্রদত্ত অপেক্ষকের লেখচিত্র অঙ্কন কর: $y = 3\sin\frac{x}{2} \quad \left(-2\pi\langle x\langle 2\pi\right)$

Q.29 প্রদত্ত অপেক্ষকের লেখচিত্র অঙ্কন কর: $y = \tan 2x$

Q.30 প্রদত্ত অপেক্ষকের লেখচিত্র অঙ্কন কর: $y = e^{2x}$

সংক্ষিপ্ত এবং রচনাধর্মী প্রশ্নের উত্তর

Q.1 (i) $66.666...G, \left(\frac{\pi}{3}\right)^R$ (ii) $(2.7)^0, \left(\frac{3\pi}{200}\right)^R$ (iii) $30^0, 33.333...G$

Q.2 (i) $\frac{11\pi}{3}$ (ii) $-\frac{3\pi}{2}$ (iii) 8π (iv) 0

Q.3 (i) 3060^0 (ii) 810^0 (iii) 2460^0 (iv) 60^0

Q.4 (i) $-\sqrt{2}$ (ii) $-\cos\theta$ (iii) $-\sqrt{3}$

Q.5 1

Q.10 (i) $\dfrac{\sqrt{6}-\sqrt{2}}{4}$ (ii) $2-\sqrt{3}$

Q.20 $\sqrt{2}-1$

আরও জানো

- কেন ত্রিকোণমিতি উদ্ভাবিত হয়েছিল?
- ত্রিকোণমিতি সম্পর্কে আকর্ষণীয় তথ্য।
- শিক্ষার্থীদের ত্রিকোণমিতি পড়ানোর অসুবিধের সম্ভাব্য কারণ।
- শিক্ষার্থীরা কেন ত্রিকোণমিতি পড়তে পছন্দ করবে?
- ত্রিকোণমিতি পড়ার প্রয়োজনীয়তা।
- শিক্ষার ক্ষেত্র যেখানে ত্রিকোণমিতি ব্যবহার করা হয়।
- কলনবিদ্যায় ত্রিকোণমিতির প্রয়োগ।
- শিক্ষার্থীদের জন্য ক্লাসকে আরো আকর্ষণীয় করে তোলা।
- ত্রিকোণমিতি শেখার সহজ উপায়।
- স্বতঃস্ফূর্তভাবে ত্রিকোণমিতি শেখা।
- জটিল ত্রিকোণমিতিক সমস্যার সহজ ভাবে সমাধান করার চিন্তাভাবনা করা।

More on Indian Maths

ছোট প্রকল্প :

i. গুণিতক এবং অংশ-গুণিতক ত্রিকোণমিতিক অপেক্ষকের সূত্র দেখায় এরূপ চার্ট প্রস্তুত কর।

ii. প্রদত্ত অপেক্ষকের সীমার অস্তিত্ব প্রমানের জন্য লেখচিত্র প্রস্তুত কর।

অনুসন্ধিৎসা এবং আগ্রহ সৃষ্টিকারী বিষয়

i. একটি 40 ফুট দীর্ঘ মই, 25 ফুট লম্বা একটি ভবনের দিকে এমন ভাবে হেলিয়ে রাখা আছে যেন মইটি ভবনের শীর্ষদেশ স্পর্শ করে। মইটি অনুভূমিকের সাথে যে কোণ তৈরি করে তার পরিমাপ কর? সিঁড়ির পাদদেশ থেকে বিল্ডিংয়ের দূরত্ব কত হবে?

ii. একটি সোজা পথ 7,000 ফুট উচ্চতায় অবস্থিত ময়ূর হোটেল থেকে 10,100 ফুট উচ্চতায় একটি মনোরম উপেক্ষার দিকে নিয়ে যায়। সোজা পথ টির দৈর্ঘ্য 13,100 ফুট। এক্ষেত্রে কৌণিক অবনতি α এর পরিমাপ ডিগ্রীতে কত হবে? রেডিয়ানে α এর পরিমাপ কত হবে?

iii. একটি আলোক রশ্মি যার প্রতিসরণ সূচক (index of refraction) 1.1 একটি উৎস থেকে অপর একটি আলোকরশ্মির দিকে যায় যার প্রতিসরণ সূচক 1.27। রশ্মি দুটির আপতন কোণের মান 140°। পরিস্থিতির জ্যামিতিক চিত্র অঙ্কন করো এবং প্রতিসরণ কোণের মান নির্ণয় কর?

iv. একটি লিঙ্ক প্লানার রোবট যন্ত্রাংশ তোলা এবং কাজের টেবিলে সেই যন্ত্রাংশ রাখতে ব্যবহার করা যেতে পারে। লিঙ্ক প্লানার রোবটের একটিমাত্র হাত থাকে যা এক প্রান্তে একটি কাজের টেবিলের সাথে সংযুক্ত থাকেএবং অন্য প্রান্তটি কাজের পরিসর পর্যন্ত ঘোরানোর জন্য মুক্ত রাখা হয়। যদি $l = 4$ সে.মি. হয়, তবে যথাযথ জ্যামিতিক চিত্র সহ রোবটের অবস্থান এবং P(x, y) বিন্দুর জন্য (x, y)-স্থানাঙ্ক নির্ধারণ কর নিম্নলিখিত θ-এর মান গুলির জন্য: (40°, $2\pi/3$ রেডিয়ান, -10°, এবং $-3\pi/4$ রেডিয়ান)।

উপরোক্ত প্রশ্ন গুলি ছাড়াও, ত্রিকোণমিতি একটি বাড়ির ছাদ নির্মাণ, ছাদের প্রবণতা (একক পৃথক বাংলোর ক্ষেত্রে) এবং ভবনগুলিতে ছাদের উচ্চতা ইত্যাদি নির্ধারণ করতে ব্যবহার করা যেতে পারে। এটি নৌ ও বিমান শিল্পেও ব্যবহৃত হচ্ছে। এটি মানচিত্র তৈরিতে (কার্টোগ্রাফি) ব্যবহৃত হয়। এছাড়া ত্রিকোণমিতির স্যাটেলাইট সিস্টেমেও প্রচুর প্রয়োগ আছে।

রেফারেন্স এবং প্রস্তাবিত রিডিং

1. E. Krezig, Advanced Engineering Mathematics, 10th Edition, Wiley, 2015.
2. H. K. Das, Advanced Engineering Mathematics, S. Chand & Co, New Delhi, 2007.
3. B. S. Grewal,*Higher Engineering Mathematics,* Khanna Publication, New Delhi ,2015.
4. S. S. Sastry, *Engineering Mathematics, Volume 1*, PHI Learning, New Delhi, 2009.
5. Alan Jeffrey, Advanced *Engineering Mathematics,* Harcourt/Academic Press, 2002, USA.
6. M.P. Trivedi and P.Y. Trivedi, Consider Dimension and Replace Pi, Notion Press, 2018.
7. www.scilab.org/ -SCI Lab
8. www.easycalculation.com
9. https://grafeq.en.downloadastro.com/- Graph Eq^n 2.13
10. https://www.geogebra.org- Geo Gebra\

2 অপেক্ষক এবং সীমা

ইউনিট বিশেষত্ব

এই ইউনিট বিস্তারিতভাবে নিম্নলিখিত বিষয়গুলি নিয়ে আলোচনা করে:

- অপেক্ষকের সংজ্ঞা;
- অপেক্ষকের লেখচিত্র;
- সীমার ধারণা;
- চারটি আদর্শ সীমা;

প্রয়োগ-ভিত্তিক সমস্যাগুলি আরও কৌতূহল এবং সৃজনশীলতা সৃষ্টির পাশাপাশি সমস্যা সমাধানের ক্ষমতা উন্নত করার জন্য আলোচনা করা হয়।

এই ইউনিটে ব্লুমের শ্রেণীবিন্যাসের নিম্ন এবং উচ্চতর স্তর অনুসারে সঠিক উত্তর নির্বাচন ধর্মী প্রশ্নের পাশাপাশি সংক্ষিপ্ত এবং রচনাধর্মী প্রশ্নগুলি দেওয়া হয়েছে এবং কিছু সংখ্যাসূচক সমস্যা, রেফারেন্সের একটি তালিকা এবং প্রস্তাবিত রিডিং দেওয়া হয়েছে যাতে শিক্ষার্থীরা অনুশীলনের মাধ্যমে নিজেদের দক্ষতা বৃদ্ধি করতে পারে।

বিষয়বস্তুর উপর ভিত্তি করে, "আরও জানো" বিভাগ যোগ করা হয়েছে। এই অংশটি ভেবেচিন্তে পরিকল্পনা করা হয়েছে যাতে এই অংশে প্রদত্ত সম্পূরক তথ্য বইটির ব্যবহারকারীদের জন্য উপকারী হয়। এই বিভাগটি প্রধানত কাজ অপেক্ষক এবং সীমা অধ্যয়নের প্রয়োজনীয়তা, কিভাবে অপেক্ষক এবং সীমা আমাদের দৈনন্দিন জীবনে ব্যবহার করা হয় সে সম্পর্কে কিছু মজার তথ্য, নিদর্শন এবং সম্পর্কের ন্যায্যতা ও সাধারণীকরণের মাধ্যমে গাণিতিক যুক্তির ব্যবহার, সমসাময়িক অ-গাণিতিক ঘটনার সাথে ঐতিহাসিক প্রেক্ষাপটে গণিতের বিকাশ, কিভাবে গণিতের উপর ভিত্তি করে বিভিন্ন সমস্যাগুলি অজানা পরিসরে ব্যবহার করা যেতে পারে, অপেক্ষক এবং সীমা শেখার সহজ উপায়, অবকলণের ক্রমবিকাশের ইতিহাস, অবকলন স্বজ্ঞাতভাবে শেখা ইত্যাদি শিক্ষণ এবং শেখার উপর আলোকপাত করে।

অন্যদিকে, এই ইউনিটের অন্তর্ভুক্ত প্রস্তাবিত মাইক্রো প্রকল্প এবং কিছু বুদ্ধিদীপ্ত প্রশ্ন বিষয়টির জন্য অনুসন্ধিৎসা এবং আগ্রহ তৈরি করে।

যৌক্তিকতা

গাণিতিক পরিভাষায় বাস্তব জগৎ বর্ণনা করার জন্য অপেক্ষক হল আদর্শ। একটি অপেক্ষকের বৈশিষ্ট্য অনুধাবন করার জন্য অপেক্ষকের কোন এক বিন্দুতে তার নতি পরিবর্তনের হার, একটি অপেক্ষক দ্বারা অধিকৃত অঞ্চল, বিভিন্ন রাশির মান একত্রীকরণ, অন্তরকলন ইত্যাদি ব্যবহৃত হয়। অন্তরকলন অধ্যয়নের জন্য একটি অপেক্ষকের সার্বিক ধারণা, আচরণ, তার স্পষ্ট

উপলব্ধি এবং অপেক্ষকের স্বরলিপির সাথে পরিচিতি অত্যন্ত গুরুত্বপূর্ণ। কোন অপেক্ষকের লেখচিত্র জানা থাকলে অপেক্ষক এবং তাতে ব্যবহৃত চলরাশি গুলোর মধ্যে পারস্পরিক সম্পর্ক বোঝা খুব সহজ হয়। অপেক্ষকের লেখচিত্র অঙ্কন করার জন্য অপেক্ষকের মধ্যে অবস্থিত স্বাধীন চলরাশির ওপর ভিত্তি করে নির্ভরশীল চলরাশির যে মান বের করা হয় তা লেখচিত্র অঙ্কনে ব্যবহার করা হয়। একটি গ্রাফিং-ক্যালকুলেটর দ্রুত গ্রাফ তৈরি করতে পারে। প্রকৃত সংখ্যা তত্ত্ব এবং এর বৈশিষ্ট্যগুলি বোঝার জন্য সীমার ধারণাটি অপরিহার্য। এক অর্থে বাস্তব সংখ্যা হল সেই সংখ্যা যা মূলদ সংখ্যার অনুক্রম অভিসারী হলে পাওয়া যায়। ।একটি অপেক্ষকের আচরণ বর্ণনা করার জন্য অসীমের সীমাগুলি উপযোগী। অন্তরকলন এর মান নির্ণয় করার জন্য সীমাগুলি অপরিহার্য। পরিবর্তনের হার এবং সীমা-র ধারণার উপরভিত্তি করে অন্তরকলন এর মান জানা যেতে পারে। একটি আবদ্ধ অঞ্চলের ক্ষেত্রফল নির্ধারণ অর্থাৎ সমাকলন-এর মান নির্ধারণের জন্য সীমা খুঁজে বার করা হল গণনার মূল চাবিকাঠি। সমাকলন দিয়ে একটি অবিচ্ছেদ্য ক্ষেত্রের ক্ষেত্রফল সহজে নির্ণয় করতে হলে সেই ক্ষেত্রকে ছোট ছোট অনেকগুলো ক্ষেত্রে বিভক্ত করে, সেই ছোট ছোট ক্ষেত্রের প্রত্যেকটির মান আলাদা করে নির্ণয় করতে হয় এবং সেগুলো যোগ করলেই ক্ষেত্রফল পাওয়া যায়। আবার সীমা পুনরাবৃত্তি প্রক্রিয়ার ক্ষেত্রেও প্রয়োজনীয়। কিছু পুনরাবৃত্তি প্রক্রিয়ার ক্ষেত্রে সীমা ব্যবহার করে সঠিক মানের খুব কাছাকাছি মান ও পাওয়া যায়।

পূর্ব জ্ঞানের-প্রয়োজনীয়তা

- সূচকীয় এবং লগারিদমিক অপেক্ষকের জ্ঞান।
- ক্যালকুলেটর ব্যবহারের সাথে পরিচিতি।
- প্রাথমিক সেট তত্ত্বের সাথে পরিচিতি।
- বীজগাণিতিক কৌশলগুলির সাথে পরিচিতি।
- বীজগাণিতিক অভিব্যক্তি এবং বীজগাণিতিক ভগ্নাংশ সরলীকরণের জন্য মৌলিক দক্ষতা।
- একঘাত এবং দ্বিঘাত সমীকরণের উৎপাদক বিশ্লেষণ।
- একঘাত সমীকরণ, অভেদ এবং অসমতা সমাধান।
- উৎপাদক বিশ্লেষণ দ্বারা দ্বিঘাত সমীকরণ সমাধান, একটি সমীকরণকে বর্গ রূপে প্রকাশ এবং দ্বিঘাত সূত্র প্রয়োগ।
- একযোগে একাধিক একঘাত সমীকরণ সমাধান করা।
- প্রতিস্থাপন পদ্ধতি।

ইউনিট ফলাফল

U2-O1: **একটি গাণিতিক অভিব্যক্তি অপেক্ষক কিনা তা নির্ধারণ করো।**

U2-O2: **প্রদত্ত অপেক্ষকের লেখচিত্র আঁকো এবং তার জ্যামিতিক আচরণ ব্যাখ্যা করো।**

U2-O3: **স্বাধীন চলরাশির সসীম কিংবা অসীমের কাছাকাছি মানের জন্য একটি অপেক্ষকের সীমা নির্ধারণ করো।**

U2-O4: **সীমাদ্বারা অবহিত মানের ভিত্তিতে একটি অপেক্ষক এবং তার লেখচিত্র বিশ্লেষণ করো।**

U2-O5 : **প্রদত্ত প্রমাণ অপেক্ষকের জন্য সীমার ধারণাটি ব্যবহার করো।**

কোর্স ফলাফলের সাথে ইউনিট ফলাফলের সমন্বয়। একটি নমুনা ম্যাট্রিক্স নীচে দেওয়া হল :

ইউনিট-2 ফলাফল	কোর্স ফলাফলের সাথে ইউনিট ফলাফলের সমন্বয় (1- দুর্বল পারস্পরিক সম্পর্ক; 2- মাঝারি পারস্পরিক সম্পর্ক; 3- দৃঢ় পারস্পরিক সম্পর্ক)						
	CO-1	CO-2	CO-3	CO-4	CO-5	CO-6	CO-7
U2-O1	-	-	1	2	2	1	-
U2-O2	-	-	1	2	3	1	-
U2-O3	-	-	2	3	1	1	-
U2-O4	-	-	3	1	2	1	-
U2-O5	-	-	3	2		1	-

2.1 অপেক্ষক

2.1.1 অপেক্ষকের সংজ্ঞা:

কলনবিদ্যা এর সবথেকে বেশি গুরুত্বপূর্ণ ও আলোচনার বিষয় হলো অপেক্ষক। অপেক্ষকের সাহায্যে বিভিন্ন বাস্তব সমস্যার গাণিতিক বিশ্লেষণ অত্যন্ত সুন্দরভাবে উপস্থাপন করা যায়। সহজভাবে বলা যায়, অপেক্ষক হলো দুটি সেটের মধ্যে একটি বিশেষ ধরনের সম্পর্ক বা যোগসূত্র।

(1) যদি X এবং Y দুটি শূন্য (null) সেট না হয় তবে একটি নিয়ম বা পদ্ধতি বা সম্পর্ক বা যোগসুত্র f-কে X থেকে Y সেটে একটি অপেক্ষক বলা হবে, যদি

"X সেটের প্রতিটি পদ Y সেটের কোন না কোন পদের সঙ্গে সম্পর্কিত হয়"

"X সেটের প্রতিটি পদ Y সেটের একটি নির্দিষ্ট পদের সঙ্গে সম্পর্কিত হয়"

গাণিতিক ভাবে আমরা লিখি, $f: X \to Y$, যেখানে $y = f(x), x \in X$, **এবং** $y \in Y$. আমরা বলতে পারি 'y' হচ্ছে " f

" অপেক্ষক এর অধীনে 'x'-এর প্রতিবিম্ব (অথবা ' x' হলো 'y' -এর প্রাক চিত্র).

দুটি বিষয় সর্বদা মনে রাখা উচিত:

(i) একটি ম্যাপিং $f: X \to Y$ কে একটি পরিব্যাপ্ত অপেক্ষক বলা হয় যদি Y সেটের প্রত্যেকটি পদের X সেটে এক বা

একাধিক প্রাক বিম্ব (pre-image) থাকে।

(ii) X সেটের প্রতিটি পদ Y সেটের একটি নির্দিষ্ট পদের সঙ্গে সম্পর্কিত হয়। তারমানে, X সেটের কোন একটি মানের জন্য Y সেটে তার একাধিক প্রতিবিম্ব থাকা সম্ভব। আবার একটি অপেক্ষকের জন্য একটি x এর জন্য একাধিক y মান থাকতে পারে না। যদি একাধিক মান থাকে তখন সেটা অপেক্ষক হয় না, তাঁকে সম্পর্ক বা ম্যাপিং বলা হয় X থেকে Y সেটের মধ্যে।

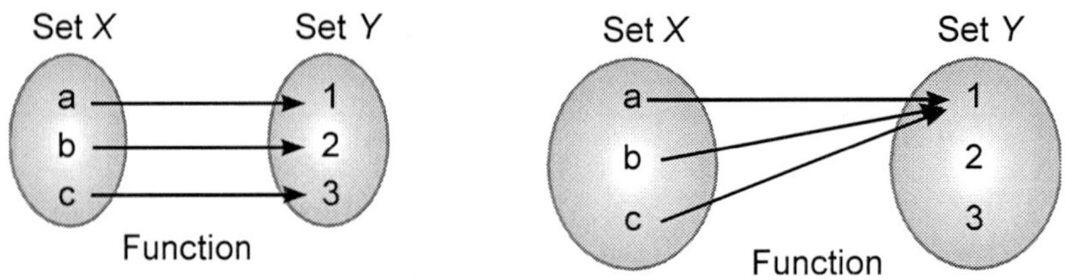

চিত্র: 2.1 Function

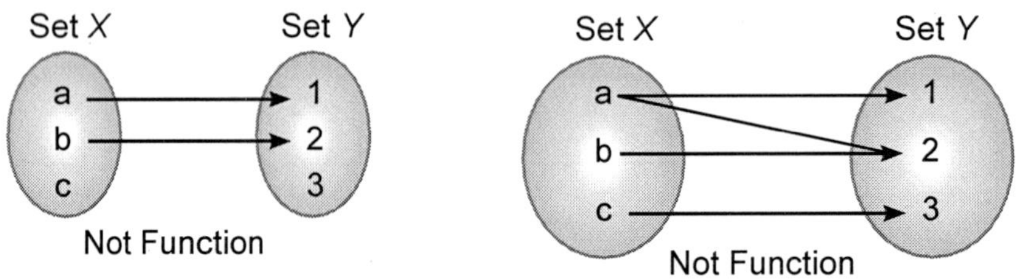

চিত্র: 2.2 Not a Function

উদাহরণ **1:** নিম্নলিখিত প্রতিটি সম্পর্ক পরীক্ষা কর এবং প্রতিটি সম্পর্ক অপেক্ষক কিনা যুক্তি সহকারে উত্তর দাও।

(i) R = {(2,1), (3,1), (4,2)},

(ii) R = {(2,2), (2,4), (3,3), (4,4)}

(iii) R = {(1,2), (2,3), (3,4), (4,5), (5,6), (6,7)}

সমাধান:

(i) যেহেতু 2, 3, 4 R-এর উপাদান এবং তাদের নির্দিষ্ট একক মান রয়েছে, তাই এই সম্পর্ক R একটি অপেক্ষক।

(ii) যেহেতু একই প্রথম উপাদান 2 এর দুটি ভিন্ন মান 2 এবং 4 এর সাথে সামঞ্জস্যপূর্ণ, এই সম্পর্কটি কোনও অপেক্ষক নয়।

(iii) যেহেতু প্রতিটি উপাদানের একটি মাত্র মান রয়েছে , তাই এই সম্পর্কটি একটি অপেক্ষক।

উদাহরণ 2: ধরা যাক N একটি প্রাকৃতিক সংখ্যার সেট। একটি বাস্তব মূল্য অপেক্ষক $f : N \to N$ কে সংজ্ঞায়িত কর $f(x) = 2x + 1$ দ্বারা। এই সংজ্ঞা ব্যবহার করে $f(1), f(2), f(3)$, এর মূল্যায়ন কর।

সমাধান:

$$f(1) = (2 \times 1) + 1 = 3$$

$$f(2) = (2 \times 2) + 1 = 5$$

$$f(1) = (2 \times 3) + 1 = 7$$

উদাহরণ 3: যদি $f(x)=\begin{cases} x^2; x<0 \\ x; 0\le x<1 \\ \frac{1}{x}; x>1 \end{cases}$ হয়, তাহলে $f\left(\frac{1}{2}\right), f(-2), f(2)$ রাশি গুলির মান নির্ণয় কর।

সমাধান:

$$f\left(\frac{1}{2}\right)=\frac{1}{2}$$

$$f(-2)=(-2)^2=4$$

$$f(2)=\frac{1}{2}$$

2.1.2 অপেক্ষকের সংজ্ঞার অঞ্চল, সহ-সংজ্ঞার অঞ্চল, এবং প্রসার

যদি কোন অপেক্ষককে সংজ্ঞায়িত করা হয় সেট A থেকে সেট B-তে, অর্থাৎ $f: A \to B$, তাহলে A সেট কে বলা হয় অপেক্ষকের ডোমেইন সেট, B হল অপেক্ষকের কো-ডোমেন সেট এবং A সেটের প্রত্যেকটি উপাদানের জন্য B সেটে যতগুলো প্রতিবিম্ব পাওয়া যায় তাদেরকে নিয়ে তৈরি হয় অপেক্ষকের প্রসার।

অন্যভাবে বলা যেতে পারে, ডোমেইন= x-এর সম্ভাব্য সকল মান, যার জন্য f(x) বিদ্যমান। সাংকেতিক ভাবে ডোমেইন কে লেখা যায় D_f ।এবং

রেঞ্জ = x-এর সকল মান এর জন্য যে সকল f(x) এর মান পাওয়া যায়। সাংকেতিক ভাবে রেঞ্জ কে লেখা যায় R_f ।

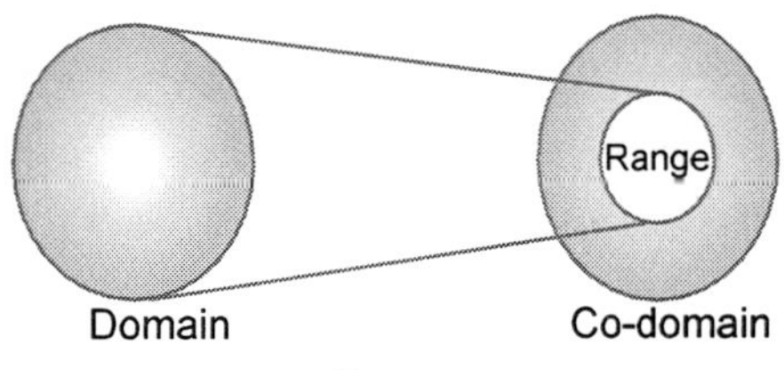

চিত্র: 2.3

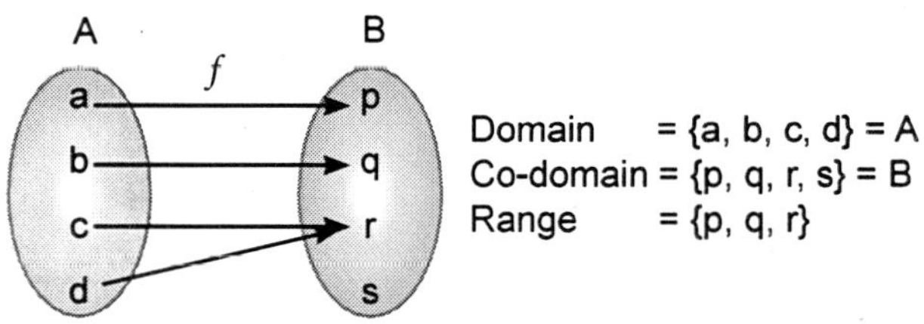

চিত্র: 2.4

(1) অপেক্ষকের সংজ্ঞা অঞ্চল এবং প্রসার বের করার পদ্ধতি

(i) অপেক্ষকের সংজ্ঞা অঞ্চল বা ডোমেন:

(a) কোন রাশির জোড় মূল(অর্থাৎ, বর্গমূল, চতুর্থমূল ইত্যাদি)≥ 0 এবং সেক্ষেত্রে হর$\neq 0$ (অর্থাৎ, Denominator $\neq 0$) হলে,

যদি দুটি অপেক্ষক $y = f(x)$ এবং $y = g(x)$ এর সংজ্ঞার অঞ্চল হয় যথাক্রমে D_1 এবং D_2, তাহলে অপেক্ষক $f(x) \pm g(x)$ এবং $f(x).g(x)$ -এর সংজ্ঞার অঞ্চল হয় $D_1 \cap D_2$ ।

(b) অপেক্ষক $\dfrac{f(x)}{g(x)}$ -এর সংজ্ঞা অঞ্চল হয় $D_1 \cap D_2 - \{g(x) = 0\}$ ।

(c) যদি অপেক্ষক হয় $\left(\sqrt{f(x)}\right)$, তাহলে সংজ্ঞার অঞ্চল হয় $D_1 \cap \{x : f(x) \geq 0\}$ ।

(ii) প্রসার (Range):

একটি অপেক্ষক $y = f(x)$ -এর প্রসার হল প্রত্যেকটি x - মানের জন্য যেসকল y - এর মান পাওয়া যায়।

(a) একটি অপেক্ষকের সংজ্ঞার অঞ্চল যদি সসীম সংখ্যক মান নিয়ে গঠিত হয় তবে তার পরিসর সেটটি সংশ্লিষ্ট $f(x)$ -এর মানসমূহ নিয়ে গঠিত হয়।

(b) যদি অপেক্ষকের সংজ্ঞার অঞ্চল একটি সসীম বিরতি হয়, তবে গতানুগতিক ক্রমান্বয় ব্যবহার করে পরিসরের জন্য সর্বনিম্ন এবং সর্বাধিক মান খোঁজা হয়।

উদাহরণ 4: প্রদত্ত অপেক্ষকের সংজ্ঞার অঞ্চল বের করো $f(x) = \dfrac{x^2 + 3x + 5}{x^2 - 5x + 4}$

সমাধান : যেহেতু $x^2 - 5x + 4 = (x - 4)(x - 1)$, অপেক্ষক f(x) কে সমস্ত বাস্তব সংখ্যার জন্য সংজ্ঞায়িত করা সম্ভব কেবল মাত্র x=4 এবং x=1 ছাড়া। অতএব f(x) এর সংজ্ঞার অঞ্চল হল $\mathbf{R} - \{1, 4\}$।

উদাহরণ 5 প্রদত্ত অপেক্ষকের সংজ্ঞা অঞ্চল এবং পরিসর খুঁজে বের করো $f(x) = \sqrt{(x-1)}$

More on Function

সমাধান : প্রদত্ত অপেক্ষক $f(x)$ কে সংজ্ঞায়িত করা যাবে যখন $x - 1 \geq 0$ বা $x \geq 1$ অর্থাৎ অপেক্ষকের সংজ্ঞার অঞ্চল হল $x \in [1, \infty)$। স্পষ্টতই পরিসর হবে $[0, \infty)$।

2.1.3 কিছু বিশেষ অপেক্ষক এবং তাদের সংজ্ঞার অঞ্চল, পরিসর এবং লেখচিত্র:

ধ্রুবক অপেক্ষক: যদি k একটি স্থির বা নির্দিষ্ট বাস্তব সংখ্যা হয় তবে f(x) =k, ∀x∈R অপেক্ষকটিকে ধ্রুবক অপেক্ষক বলে। এই অপেক্ষকের সংজ্ঞার অঞ্চল হল R এবং প্রসার হল {k}. এই অপেক্ষকের লেখচিত্র হলো x–অক্ষের সমান্তরাল

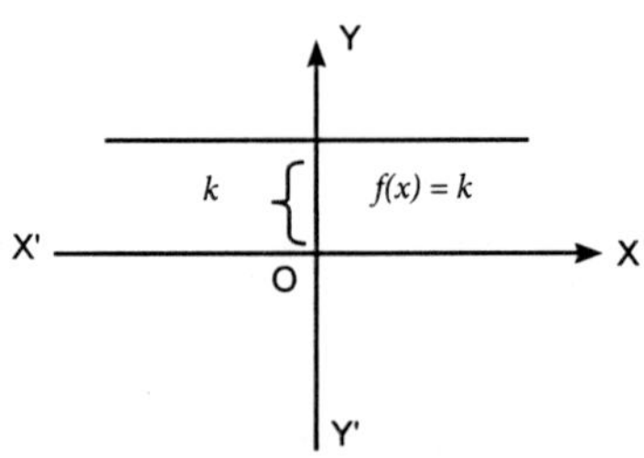

চিত্র 2.5

সরলরেখা যখন $k \neq 0$। আর $k=0$ হলে লেখচিত্র টি x–অক্ষকে সূচিত করে।

অভেদ অপেক্ষক: $f(x) : R \to R$ অপেক্ষককে অভেদ অপেক্ষক বলা হবে যখন $f(x)=x, \quad \forall\, x \in R$। এই অপেক্ষকের সংজ্ঞার অঞ্চল হল R এবং প্রসার হল R। এই অপেক্ষকের লেখচিত্রটি মূলবিন্দুগামী একটি সরলরেখা যা x–অক্ষের ধনাত্মক দিকের সঙ্গে 45° কোণ করে।

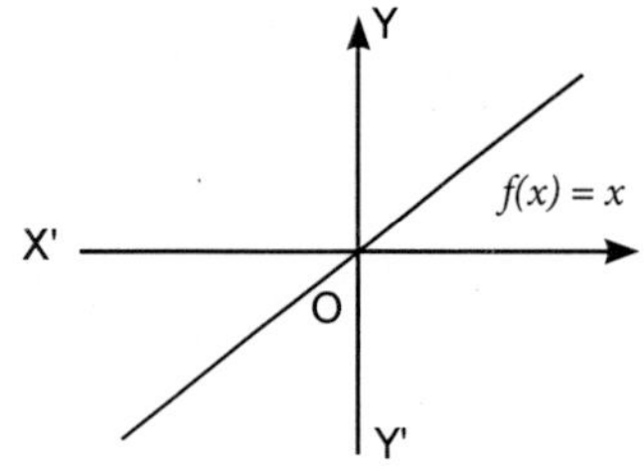

চিত্র 2.6

পরমমান অপেক্ষক: এই অপেক্ষক টি নিম্নলিখিতভাবে সংজ্ঞায়িত

$$f(x) = |x| = \begin{cases} x, & x \geq 0 \\ -x, & x < 0 \end{cases}$$

এই অপেক্ষকের সংজ্ঞার অঞ্চল = R এবং প্রসার = $R^+ = \{x \in R : x \geq 0\}$।

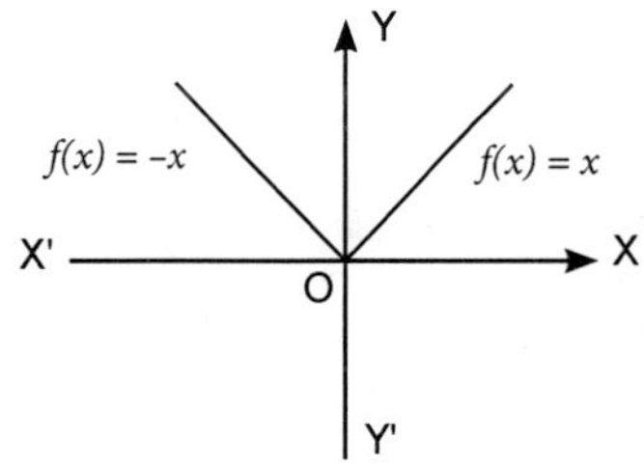

চিত্র 2.7

বৃহত্তম পূর্ণ সংখ্যা অপেক্ষক: বৃহত্তম পূর্ণ সংখ্যা অপেক্ষকটি নিম্নলিখিত রূপে সংজ্ঞায়িত হয়-

$f(x) : R \to R$, যেখানে f(x)=সবথেকে বড় অখণ্ড সংখ্যা যা x–এর থেকে ছোট অথবা সমান।এই অপেক্ষক টিকে আমরা নিম্নলিখিত রূপে প্রকাশ করি-

$f(x) = [x], \ \forall\, x \in R$ ।

এই অপেক্ষকের সংজ্ঞার অঞ্চল = R এবং প্রসার = ***I*** (অখণ্ড সংখ্যার সেট)। উদাহারাণ স্বরূপ, [1.1] =1, [2.2] =2, [– 0.9] = –1, [– 2.1] = – 3 ইত্যাদি।

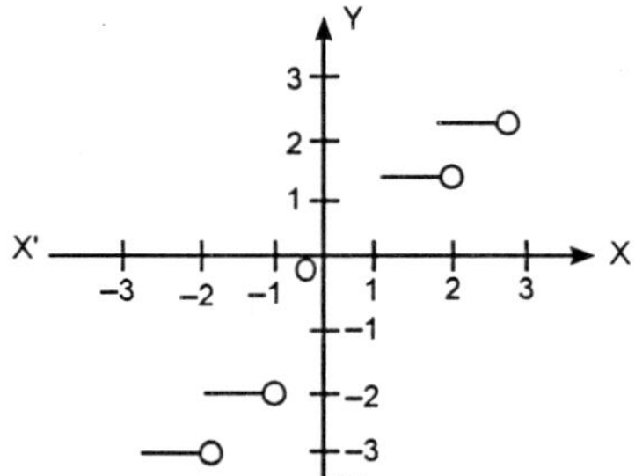

চিত্র 2.8

সিগনাম অপেক্ষক: এই অপেক্ষক টি নিম্নলিখিত রূপে সংজ্ঞায়িত-

$$f(x)=\begin{cases}\frac{|x|}{x}, x\neq 0\\ 0, x=0\end{cases} \quad \text{অথবা} \quad f(x)=\begin{cases}1, x>0\\ 0, x=0\\ -1, x<0\end{cases}$$

এই অপেক্ষককে sng(x) রূপেও লেখা হয়।

এই অপেক্ষকের সংজ্ঞার অঞ্চল=R এবং প্রসার = {−1, 0,+1}।

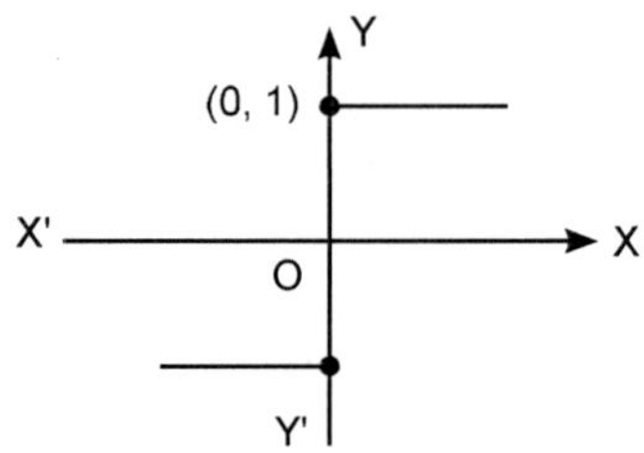

চিত্র 2.9

বিশেষ দ্রষ্টব্য: যেহেতু লেখচিত্রটি সিড়ির মতন দেখতে তাই অপেক্ষক টিকে step function -ও বলা হয়।

অন্যোন্যক অপেক্ষক:

f(x) : R−{0} → R, যেখানে $f(x) = \frac{1}{x}$, ∀x ∈ R−{0} অপেক্ষকটিকে অন্যোন্যক অপেক্ষক বলে। এই অপেক্ষকের সংজ্ঞার অঞ্চল = R−{0} এবং প্রসার = R−{0}।এই অপেক্ষকের লেখচিত্র টি দেখানো হলো-

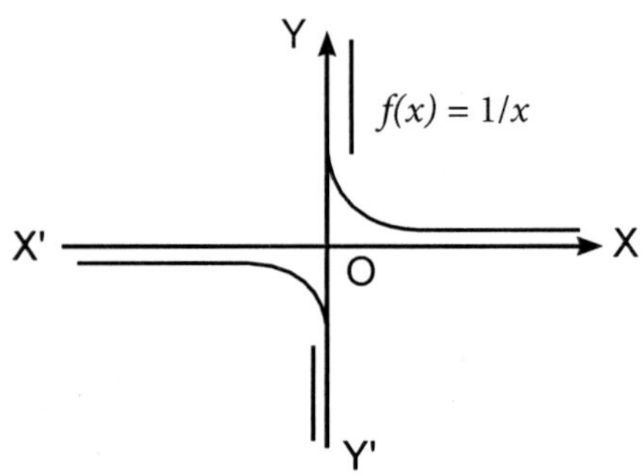

চিত্র 2.10

সূচকীয় অপেক্ষক:

$f: R \to (0,\infty)$ অপেক্ষককে সূচকীয় অপেক্ষক বলা হবে যখন $f(x)=a^x$, (a > 0, a ≠ 1) ।
এই অপেক্ষকের সংজ্ঞার অঞ্চল = R এবং প্রসার = (0,∞)।

লগারিদমিক অপেক্ষক:

f(x) : (0,∞)→ R অপেক্ষককে লগারিদমিক অপেক্ষক বলা হবে যখন

$$f(x) = log_a^x \ , \forall \ x > 0; \ (a > 0, a \neq 1)।$$

এই অপেক্ষকের সংজ্ঞার অঞ্চল হল (0 , ∞) এবং প্রসার হল R।

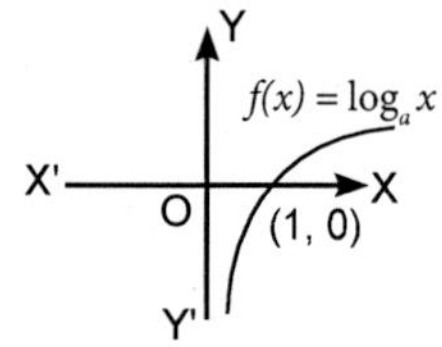

Graph of $f(x) = \log_a x$, when $a > 1$

চিত্র.2.11

যুগ্ম অপেক্ষক: একটি অপেক্ষকের যুগ্ম অপেক্ষক বলে যদি $\forall x \in D_f \ , f(-x) = f(x)$ ।

অযুগ্ম অপেক্ষক: একটি অপেক্ষকের অযুগ্ম অপেক্ষক বলে যদি $\forall x \in D_f \ , f(-x) = -f(x)$ ।

বিস্তার বা অন্তরাল:

বাস্তব সংখ্যা রেখার উপর অবস্থিত যে কোনও দুটি বাস্তব সংখ্যার মধ্যে অবস্থিত সকল বাস্তব সংখ্যার সেট কে বলা হয় বিস্তার বা অন্তরাল।

(a) বন্ধ অন্তরাল:

$$[a,b] = \{x, a \le x \le b\} ।$$

(b) মুক্ত অন্তরাল:

$$(a,b) or \ ]a,b[= \{x, a < x < b\} ।$$

(c) অর্ধমুক্ত বা অর্ধ বদ্ধ অন্তরাল :

$$[a,b[\ or [a,b) = \{x; a \le x < b\} ।$$

লগারিদমের বৈশিষ্ট্য:

যদি m এবং n যেকোনো দুটি ধনাত্মক সংখ্যা হয় যার জন্য $a > 0, \ a \neq 1, \ b > 0, \ b \neq 1$, তাহলে

(1) $\log_a a = 1, \ \log_a 1 = 0$

(2) $\log_a b . \log_b a = 1 \Rightarrow \log_a b = \dfrac{1}{\log_b a}$

(3) $\log_a (mn) = \log_a m + \log_a n$

(4) $\log_a \left(\dfrac{m}{n}\right) = \log_a m - \log_a n$

(5) $\log_a m^n = n\log_a m$

(6) $a^{\log_a m} = m$

2.2 অপেক্ষকের সীমা:

কখনও কখনও একটি স্বাধীন চলের বিশেষ কিছু মানের জন্য একটি অপেক্ষকের মান অনির্ণেয় হয়। উদাহরণ স্বরূপ, নিম্নোক্ত অপেক্ষকের মান অনির্ণেয় থাকে যখন x=2 হয়।

Graph of a Function

$$f(x) = \frac{x^2-4}{x-2}\ ,\ f(2) = \frac{4-4}{2-2} = \frac{0}{0}$$

অপেক্ষকের এই বিশেষ রূপকে বলা হয় অনির্দিষ্ট রূপ বা অনির্ণেয় আকার। এছাড়াও আরো কিছু অনির্দিষ্ট আকারগুলি হল- $0\times\infty\ ,0^0,1^\infty\ ,\infty-\infty,\frac{\infty}{\infty},\infty^0,\frac{0}{0}$ ।

ধরা যাক y=f(x), হল x–এর একটি অপেক্ষক এবং x–এর কিছু নির্দিষ্ট মানের জন্য, যেমন x=a এর জন্য y–এর মান অনির্ণেয় হয়, তাহলে a–এর খুব কাছাকাছি পয়েন্ট গুলিতে আমরা অপেক্ষকের মানগুলি বিবেচনা করি। যদি বামদিক কিংবা ডানদিক থেকে x–এর a বিন্দুর নিকটবর্তী মান গুলির জন্য অপেক্ষকের মান ক্রমশ একটি নির্দিষ্ট ধ্রুবক l–এর দিকে অগ্রসর হয় তাহলে এই নির্দিষ্ট মান l –কে বলা হয় x=a বিন্দুতে *f(x)* অপেক্ষকের সীমা এবং আমরা এটি গাণিতিক ভাষায় লিখি

$\lim\limits_{x\to a} f(x) = l$ ।

চলরাশির সীমা বা '$x \to a$' এর অর্থ:

ধরা যাক x একটি বাস্তব চলরাশি এবং a একটি নির্দিষ্ট বাস্তব সংখ্যা। এখন x চলরাশি যদি বাস্তব সংখ্যারেখা বরাবর বিভিন্ন মান গ্রহণ করতে করতে ক্রমশ a -এর দিকে এরূপে এগিয়ে চলে যে, x এবং a -এর পার্থক্যের পরম মান অর্থাৎ |x–a| ক্রমশ ক্ষুদ্র থেকে ক্ষুদ্রতর হয়, তবে আমরা বলি x এর সীমা হল a এবং এই ধারণাকে $x \to a$ এভাবে লিখে প্রকাশ করি।

'x–এর প্রবণতা a' অর্থাৎ $x \to a$ বলতে বোঝায় যে

(i) $x \neq a$

(ii) x, a–এর খুব নিকটবর্তী মানগুলি নেয় এবং

(iii) $x \to a$ এর জন্য কোন দিক থেকে x কে a–এর কাছেযেতে হবে তা নির্দিষ্ট করে না, যা নিম্ন অঙ্কিত চিত্রে দেখানো হয়েছে বাম বা ডান দিক থেকে x, a–এর কাছে যেতে পারে।

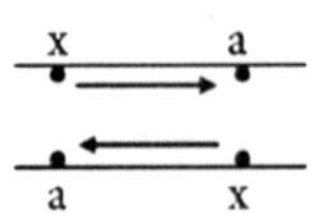

চিত্র 2.12

2.2.1 বামহস্ত সীমা এবং ডানহস্ত সীমা:

সংখ্যারেখার ওপর x যদি **a** বিন্দুর বাম দিক থেকে **a** বিন্দুর নিকটতর হয় তবে $f(x)$ এর মানসমূহ ক্রমশ একটি নির্দিষ্ট ধ্রুবকের দিকে অগ্রসর হয় তবে সেই ধ্রুবক কে অপেক্ষকের বামহস্ত সীমা বলা হয় এবং এই ধারণাটিকে $f(a-0)$ অথবা $\lim\limits_{x\to a^-} f(x)$ অথবা $\lim\limits_{x\to a-0} f(x)$ এভাবে লিখে প্রকাশ করা হয়। কোন অপেক্ষকে বামহস্ত সীমা মান বসানোর জন্য আমরা নিম্নলিখিত ভাবে প্রকাশ করি-

$$f(a-0) = \lim_{h\to 0} f(a-h) \text{ ।}$$

একই রকম ভাবে, সংখ্যারেখার ওপর x যদি **a** বিন্দুর ডান দিক থেকে **a** বিন্দুর নিকটতর হয় তবে $f(x)$ এর মানসমূহ ক্রমশ একটি নির্দিষ্ট ধ্রুবকের দিকে অগ্রসর হয় তবে সেই ধ্রুবক কে অপেক্ষকের বামহস্ত সীমা বলা হয় এবং এই ধারণাটিকে $f(a+0)$ অথবা $\lim\limits_{h\to a^+} f(x)$ অথবা $\lim\limits_{h\to a+0} f(x)$ এভাবে লিখে প্রকাশ করা হয়। কোন অপেক্ষকে ডানহস্ত সীমা মান বসানোর জন্য আমরা নিম্নলিখিত ভাবে প্রকাশ করি-

$$f(a+0) = \lim_{h\to 0} f(a+h) \text{ ।}$$

বামহস্ত সীমা এবং ডানহস্ত সীমা খোঁজার পদ্ধতি:

(i) অপেক্ষকের ডানহস্ত সীমা খোঁজার জন্য আমরা x এর জায়গায় $(x+h)$ লিখি এবং অপেক্ষকের বামহস্ত সীমা খোঁজার জন্য আমরা x এর জায়গায় $(x-h)$ লিখি ।

(ii) তারপর অপেক্ষকের x কে **a** দ্বারা প্রতিস্থাপিত করি।

(iii) চূড়ান্ত ভাবে আমরা $h\to 0$ এই সীমা খুঁজি।

2.2.2 সীমার অস্তিত্ব:

নির্দিষ্ট কোন বিন্দুতে একটি অপেক্ষকের সীমার অস্তিত্ব থাকে যদি বামহস্ত সীমা এবং ডান হস্ত সীমা বিদ্যমান থাকে এবং সমান হয়। অর্থাৎ $\lim\limits_{x\to a} f(x)$ বিদ্যমান থাকে, এবং $\lim\limits_{x\to a^-} f(x) = \lim\limits_{x\to a^+} f(x) = l$ হয়। যেখানে l–কে অপেক্ষকের সীমা বলা হয়।

উদাহরণ 6: যদি $f(x) = \begin{cases} x^2+2, x\ge 1 \\ 2x+1, x<1 \end{cases}$ হয়, তাহলে $\lim\limits_{x\to 1} f(x) = ?$

(a) 1 (b) 2

(c) 3 (d) অস্তিত্ব নেই

সমাধান : $\lim\limits_{x\to 1-} f(x) \lim\limits_{h\to 0} = [2(1-h)+1] = 3$

$\lim\limits_{x\to 1+} f(x) = \lim\limits_{h\to 0} [(1+h)^2 + 2] = 3$

যেহেতু LHL = RHL, তাই $\lim\limits_{x\to 1} f(x) = 3.$

উদাহরণ 7: **মান নির্ণয় করো:** $\lim_{x\to -1}\left(\frac{x^2-1}{x^2+3x+2}\right)$

সমাধান : সীমা= $\lim_{x\to -1}\frac{(x-1)(x+1)}{(x+2)(x+1)} = \frac{-1-1}{-1+2} = -2$

কিছু মানক সীমা :

(i) $\lim_{x\to a}\frac{x^n-a^n}{x-a} = na^{n-1}$

(ii) $\lim_{x\to 0}\frac{\sin x}{x} = 1$

(iii) $\lim_{x\to 0}\frac{a^x-1}{x} = \log_e a \qquad a>0$

(iv) $\lim_{x\to 0}(1+x)^{\frac{1}{x}} = e$

উদাহরণ 8: যদি $\lim_{x\to 2}\frac{x^n-2^n}{x-2} = 80$, যেখানে n একটি ধানাত্মক পূর্ণ সংখ্যা হয়, তাহলে $n = ?$

সমাধান : $\lim_{x\to 2}\frac{x^n-2^n}{x-2} = n.2^{n-1} \Rightarrow n.2^{n-1} = 80 \Rightarrow n = 5$

উদাহরণ 9: **মান নির্ণয় করো:** $\lim_{x\to\sqrt{2}}\frac{x^4-4}{x-\sqrt{2}}$

সমাধান : $\lim_{x\to\sqrt{2}}\frac{x^4-4}{x-\sqrt{2}} = \lim_{x\to\sqrt{2}}\frac{x^4-\left(\sqrt{2}\right)^4}{x-\sqrt{2}}$

$= 4\left(\sqrt{2}\right)^{4-1} = 4\left(\sqrt{2}\right)^3 = 4\times\left(2\sqrt{2}\right) = 8\sqrt{2}$

উদাহরণ 10: **মান নির্ণয় করো:** $\lim_{x\to 16}\frac{x^{\frac{3}{4}}-8}{x-16}$

সমাধান : $\lim_{x\to 16}\frac{x^{\frac{3}{4}}-8}{x-16} = \lim_{x\to 16}\frac{x^{\frac{3}{4}}-(16)^{\frac{3}{4}}}{x-16}$

$$=\frac{3}{4}(16)^{\frac{3}{4}-1}=\frac{3}{4}(16)^{\frac{-1}{4}}=\frac{3}{4}\left(\frac{1}{16}\right)^{\frac{1}{4}}$$

$$=\frac{3}{4}\times\frac{1}{2}=\frac{3}{8}$$

উদাহরণ 11: মান নির্ণয় করো: $\lim_{x\to-1}\frac{x^{17}+1}{x^9+1}$

সমাধান : $\lim_{x\to-1}\frac{x^{17}+1}{x^9+1}=\lim_{x\to-1}\frac{x^{17}-(-1)^{17}}{x^9-(-1)^9}=\frac{\lim_{x\to-1}\frac{x^{17}-(-1)^{17}}{x-1}}{\lim_{x\to-1}\frac{x^9-(-1)^9}{x-1}}=\frac{17(-1)^{16}}{9(-1)^8}$

$$=\frac{17}{9}$$

উদাহরণ 12: মান নির্ণয় করো:

$$\lim_{x\to0}\frac{\sin 3x}{5x}$$

সমাধান :

$$\lim_{x\to0}\frac{\sin 3x}{5x}=\lim_{x\to0}\left(\frac{\sin 3x}{5x}\times\frac{3}{3}\right)$$

$$=\frac{3}{5}\lim_{3x\to0}\frac{\sin 3x}{3x}\qquad\{\because 3x\to0\ as\ x\to0$$

$$=\frac{3}{5}\times1\quad\{\because \lim_{x\to0}\frac{\sin x}{x}=1$$

$$=-\frac{3}{5}$$

উদাহরণ 13: মান নির্ণয় করো:

$$\lim_{x\to0}\frac{5x\cos x-2\sin x}{7x+5\sin x}$$

সমাধান :

$$\lim_{x\to 0}\frac{5x\cos x-2\sin x}{7x+5\sin x}=\lim_{x\to 0}\frac{\frac{5x\cos x-2\sin x}{x}}{\frac{7x+5\sin x}{x}}$$

$$=\lim_{x\to 0}\frac{\frac{5x\cos x}{x}-\frac{2\sin x}{x}}{\frac{7x}{x}+\frac{5\sin x}{x}}=\lim_{x\to 0}\frac{5\cos x-2\frac{\sin x}{x}}{7+5\frac{\sin x}{x}}$$

$$=\frac{5\lim\limits_{x\to 0}\cos x-2\lim\limits_{x\to 0}\frac{\sin x}{x}}{\lim\limits_{x\to 0}7+5\lim\limits_{x\to 0}\frac{\sin x}{x}}$$

$$=\frac{5(1)-2(1)}{7+5(1)}=\frac{3}{12}=\frac{1}{4}$$

উদাহরণ 14: $\lim\limits_{x\to 0}\frac{1-\cos 2x}{x}=?$

সমাধান : $\lim\limits_{x\to 0}\frac{1-\cos 2x}{x}=\lim\limits_{x\to 0}\frac{x.2\sin^2 x}{x^2}=2.\lim\limits_{x\to 0}\left(\frac{\sin x}{x}\right)^2\cdot\lim\limits_{x\to 0}x=0$

উদাহরণ 15: $\lim\limits_{\theta\to 0}\frac{\cos ec\theta-\cot\theta}{\theta}=?$

সমাধান : $\lim\limits_{\theta\to 0}\frac{\cos ec\theta-\cot\theta}{\theta}=\lim\limits_{\theta\to 0}\frac{\frac{1}{\sin\theta}-\frac{\cos\theta}{\sin\theta}}{\theta}$

$$=\lim_{\theta\to 0}\frac{1-\cos\theta}{\theta\sin\theta}=\lim_{\theta\to 0}\frac{1-\cos\theta}{\theta\sin\theta}\times\frac{1+\cos\theta}{1+\cos\theta}$$

$$=\lim_{\theta\to 0}\frac{1-\cos^2\theta}{\theta\sin\theta(1+\cos\theta)}=\lim_{\theta\to 0}\frac{\sin\theta}{\theta(1+\cos\theta)}$$

$$= \frac{\lim_{x\to 0} \frac{\sin\theta}{\theta}}{\lim_{x\to 0}(1+\cos\theta)} = \frac{1}{1+1} = \frac{1}{2}$$

উদাহরণ 16: $\lim_{x\to 0} \frac{\sec 5x - \sec 3x}{\sec 3x - \sec x} = ?$

সমাধান : $\therefore \lim_{x\to 0} \frac{\sec 5x - \sec 3x}{\sec 3x - \sec x} = \lim_{x\to 0} \frac{\cos 3x - \cos 5x}{\cos x - \cos 3x} \cdot \frac{\cos x}{\cos 5x}$

$$= \lim_{x\to 0} \frac{2\sin 4x \sin x}{2\sin 2x \sin x} \cdot \frac{\cos x}{\cos 5x}$$

$$= \lim_{x\to 0} \frac{\sin 4x}{\sin 2x} \cdot \frac{4x}{4x} \cdot \frac{\cos x}{\cos 5x} = \frac{2\lim_{4x\to 0} \frac{\sin 4x}{4x}}{\lim_{2x\to 0} \frac{\sin 2x}{2x}} \cdot \lim_{x\to 0} \frac{\cos x}{\cos 5x}$$

$$= \frac{2(1)}{1} \cdot \frac{1}{1} = 2$$

উদাহরণ 17: $\lim_{x\to 0} \frac{2^{x+3} - 8}{x} = ?$

সমাধান : $\lim_{x\to 0} \frac{2^{x+3} - 8}{x} = \lim_{x\to 0} \frac{2^x \cdot 2^3 - 2^3}{x} = \lim_{x\to 0} \frac{2^3(2^x - 1)}{x}$

$$= 8\lim_{x\to 0} \frac{(2^x - 1)}{x} = 8 \times \log_e 2 = \log_e 256$$

উদাহরণ 18: $\lim_{x\to e} \frac{1 - \log x}{e - x} = ?$

সমাধান : ধরা যাক, $\log_e x = y$

$\therefore x = e^y$ (লগারিদম এর সংজ্ঞা থেকে পাই) এবং $x \to e \Rightarrow y \to 1$

$$\lim_{x\to e}\frac{1-\log x}{e-x}=\lim_{y\to 1}\frac{1-y}{e-e^{y}}=\lim_{y\to 1}\frac{1}{e}\left(\frac{y-1}{e^{y-1}-1}\right)$$

$$=\frac{1}{e}\lim_{y\to 1}\left(\frac{1}{\frac{e^{y-1}-1}{y-1}}\right)=\frac{1}{e}\left(\frac{\lim\limits_{y\to 1}1}{\lim\limits_{y-1\to 0}\frac{e^{y-1}-1}{y-1}}\right) \quad \{\because y\to 1\Rightarrow y-1\to 0$$

$$=\frac{1}{e}\times\frac{1}{1} \quad \left\{\because \lim_{x\to 0}\frac{a^{x}-1}{x}=\log_e a\right.$$

$$=\frac{1}{e}$$

উদাহরণ 19: $\lim\limits_{x\to 0}\dfrac{e^{\sin x}-1}{x}=?$

সমাধান:

$$\lim_{x\to 0}\frac{e^{\sin x}-1}{x}=\lim_{x\to 0}\frac{e^{\sin x}-1}{\sin x}\times\frac{\sin x}{x}$$

$$=\lim_{\sin x\to 0}\frac{e^{\sin x}-1}{\sin x}\times\lim_{x\to 0}\frac{\sin x}{x}=1\times 1=1 \quad \{\because x\to 0 \textit{ then } \sin x\to 0$$

উদাহরণ 20: $\lim\limits_{x\to 0}(1+3x)^{\frac{2}{x}} \quad =?$

সমাধান :

$$\lim_{x\to 0}(1+3x)^{\frac{2}{x}}=\lim_{x\to 0}(1+3x)^{\frac{1}{3x}\times 6}$$

$$=\lim_{3x\to 0}\left[(1+3x)^{\frac{1}{3x}}\right]^{6}$$

$$=\left[\lim_{3x\to 0}(1+3x)^{\frac{1}{3x}}\right]^{6}$$

$$=e^{6}$$

উদাহরণ 21: $\lim\limits_{x\to\infty}\left(1+\dfrac{2}{3x}\right)^{5x} =?$

সমাধান :

$$\lim_{x\to\infty}\left(1+\frac{2}{3x}\right)^{5x}=\lim_{x\to\infty}\left(1+\frac{2}{3x}\right)^{\frac{3x}{2}\times\frac{10}{3}}$$

$$=\left[\lim_{\frac{2}{3x}\to 0}\left(1+\frac{2}{3x}\right)^{\frac{3x}{2}}\right]^{\frac{10}{3}} \quad \left\{x\to\infty \textit{ then } \frac{1}{x}\to 0\right.$$

$$=e^{\frac{10}{3}}$$

উদাহরণ 22: $\lim_{x\to 0}\frac{x\log(x+1)}{1-\cos x}$ **=?**

সমাধান : $$\lim_{x\to 0}\frac{x\log(x+1)}{1-\cos x}=\lim_{x\to 0}\frac{\frac{x\log(x+1)}{x^2}}{\frac{1-\cos x}{x}}$$

$$=\lim_{x\to 0}\frac{\frac{1}{x}\log(x+1)}{\frac{2\sin^2\frac{x}{2}}{x^2}}=\frac{\lim_{x\to 0}\frac{1}{x}\log(x+1)}{\lim_{x\to 0}\frac{2\sin^2\frac{x}{2}}{x^2}}$$

$$=\frac{\lim_{x\to 0}\log(x+1)^{\frac{1}{x}}}{\lim_{x\to 0}\frac{2\left(\sin\frac{x}{2}\right)^2}{x^2\times\frac{4}{4}}}=\frac{\log\lim_{x\to 0}(x+1)^{\frac{1}{x}}}{\frac{1}{2}\lim_{x\to 0}\frac{\left(\sin\frac{x}{2}\right)^2}{\left(\frac{x}{2}\right)^2}}$$

$$=\frac{\log\lim_{x\to 0}(x+1)^{\frac{1}{x}}}{\frac{1}{2}\left[\lim_{x\to 0}\frac{\sin\left(\frac{x}{2}\right)}{\left(\frac{x}{2}\right)}\right]^2}=\frac{\log e}{\frac{1}{2}(1)}=2$$

প্রয়োগ (বাস্তব জীবন ও শিল্পে)

চক্রবৃদ্ধি হারে সুদ:

উদাহরণ-1: একজন বিনিয়োগকারী মিউচুয়াল ফান্ডে 20,000 টাকা জমা করেন, 3% হারে। ১ বছরের শেষে বিনিয়োগের মূল্য কত হবে যদি চক্রবৃদ্ধি হারে সুদ বাড়ে: a) বার্ষিক? b) অর্ধবার্ষিক? c) ত্রৈমাসিক?

স্পেলিং স্ট্রেসের কারণ:

উদাহরণ-2: মনোবিজ্ঞানে স্কেলিং নামে একটি প্রক্রিয়া জীবনের অভিজ্ঞতার একটি গ্রুপের সাথে সংখ্যাগত রেটিং সংযুক্ত করতে ব্যবহৃত হয়। নীচের টেবিলে, বিভিন্ন ইভেন্ট মানসিক চাপের মাত্রা অনুযায়ী 1 থেকে 100 পর্যন্ত স্কেলে মূল্যায়ন করা হয়েছে।

ঘটনা	**প্রভাবের স্কেল**
স্ত্রীর মৃত্যু	90
বিবাহবিচ্ছেদ	63
দোষী সাব্যস্ত	53
বিবাহ	30
বেকার	57
গর্ভাবস্থা	40
ঋণ শেষ, 10,000 টাকা	32
বিদ্যালয়ে পরিবর্তন	30
তুলনায় কম ঋণ, 10,000 টাকা	30
উৎসব উদযাপন	12

সারণী 2.1: ঘটনা এবং তাদের প্রভাবের স্কেল

ক) উপরের সারণীটি কি কোনও অপেক্ষকের প্রতিনিধিত্ব করে? তোমার উত্তরের স্বপক্ষে যুক্তি দাও।

খ) ইনপুট গুলি কী কী? আউটপুট গুলি কী কী?

উদ্দীপনা প্রেরণের গতি:

উদাহরণ-3: স্নায়ুতন্তুর ইমপালস বা ঘাত 283 ফুট/সেকেন্ড গতিতে ভ্রমণ করে। D=283 t হল দূরত্ব এবং সময়ের মধ্যে সম্পর্ক যেখানে দূরত্ব পরিমাপ করা হয় ফুট এককে। 5.5 ফুট লম্বা ব্যক্তির মস্তিষ্ক থেকে পায়ের পাতা পর্যন্ত একটি উদ্দীপনা যেতে কত সময় লাগবে ?

সোডা, স্নাক্স এবং স্ট্যাম্প মেশিন:

উদাহরণ-4: একজন ব্যবহারকারী একটি নির্দিষ্ট জায়গায় অর্থ রাখে, একটি নির্দিষ্ট বোতাম টেপে, এবং একটি নির্দিষ্ট আইটেম আউটপুট স্লটে পড়ে যায়। অপেক্ষক টি পণ্যের দাম নির্ধারণ করে। ইনপুটটি নির্বাচিত বোতামের সাথে সংযুক্ত অর্থ। আউটপুট হল পণ্য, কখনও কখনও ব্যবহারকারী যদি প্রয়োজনীয় অর্থের চেয়ে বেশিঅর্থ ইনপুটে দেয় তাহলে তা কয়েন হিসেবে পণ্যের সঙ্গে ফেরত আসে।

পরিবর্তনের হার:

উদাহরণ-5: একজনক্রীড়াবিদ সন্ধ্যারসময় পরবর্তী ম্যারাথনেরজন্য স্বাভাবিকঅনুশীলন শুরু করেন।সন্ধ্যা 6:15 মিনিটেতিনি দৌড়াতে শুরুকরেন এবং তার বাড়িছেড়ে চলে যান। সন্ধ্যা 7:45 মিনিটে, ক্রীড়াবিদঘরের মাঠে রানশেষ করেন এবং মোট 6.5 মাইল দৌড়েছেন।রান চলাকালীন তারগড় গতি কত দ্রুতছিল?

একাধিক সমীকরণ সহ বাস্তব জীবনের মডেল:

উদাহরণ-6: প্রাথমিক ভাবে, ট্রেন A এবং B একে অপরের থেকে 305 মাইল দূরত্বে আছে। ট্রেন A ঘন্টায় 40 মাইলবেগে B-র দিকে ভ্রমণ করছে এবং ট্রেন বি ঘন্টায় 70 মাইল গতিতে A-র দিকে ভ্রমণ করছে। কোন সময়ে দুটি ট্রেন মিলিত হবে? এই সময়ের মধ্যে কতটা দূরত্ব ট্রেন দুটি ভ্রমণ করে?

সীমার উদাহরণ:

উদাহরণ-7: একটি ঠান্ডা জল ভর্তি গ্লাসে একটি গরম রড ডোবালে যে পরিমাপ তাপমাত্রা রডের হয় সেটি পরিমাপ করা হল সীমা। অন্যান্য উদাহরণ, যেমন বৈদ্যুতিক, চৌম্বকীয় বা মহাকর্ষীয় ক্ষেত্রের শক্তি পরিমাপ করা। সীমার ক্ষেত্রে, যখন আমরা এটিকে অসীমের সাথে সম্পর্কিত করি এর অর্থ হল সংখ্যাগুলি কীভাবে আচরণ করে যেমন যেমন তারা বড় হয় বা একটি সিরিজের আকার ধারণ করে , যেখানে নতুন সংখ্যাগুলি ক্রমাগত যুক্ত হতে থাকে।

রাসায়নিক বিক্রিয়া:

উদাহরণ-8: রাসায়নিক বিক্রিয়া একটি বিকার শুরু হয় যেখানে দুটি ভিন্ন যৌগ একটি নতুন যৌগ গঠনের জন্য প্রতিক্রিয়া দেখায়। এখন সময় অসীমের কাছাকাছি আসার সাথে সাথে, গঠিত নতুন যৌগের পরিমাণ হল সীমা।

উদাহরণ-9: একটি জেট বিমান গড়ে 830 কিমি/ঘন্টা গতিতে শহর A এবং B এর মধ্যে 3000 কিমি অতিক্রান্ত করতে কত ঘন্টা সময় নেয়?

ইউনিটিরে সারাংশ

এই ইউনিটে প্রথম বিষয়টি অপেক্ষকের ধারণা, অপেক্ষকের প্রকার, অপেক্ষকের গ্রাফ এবং এর সম্পর্কিত বৈশিষ্ট্যগুলি উপস্থাপন করার জন্য নিবেদিত। দ্বিতীয় বিষয় হলো সীমার ধারণা এবং তার বিভিন্ন ধরনের উপস্থাপনা। প্রতিটি বিষয় সংশোধিত ব্লুমের ট্যাক্সোনোমি অনুযায়ী অসুবিধার ক্রমবর্ধমান স্তর অনুযায়ী প্রচুর উদাহরণ সহযোগে করা হয়েছে। অনুশীলনের জন্য যে সমস্ত প্রশ্ন গুলো দেওয়া হয়েছে তা অনুরূপ ক্রমানুযায়ী দেওয়া হয়েছে। নতুন উদাহরণগুলি দেওয়া হয়েছে সীমা এবং অবকলন এর ধারণা শক্তিশালী করার জন্য , যাতে শিক্ষার্থীদের একটি বিশ্লেষণাত্মক সরঞ্জাম হিসাবে অবকলন এর সঙ্গে কিছু পরিচিতি হয়, একটি সূত্র মুখস্থ করার পরিবর্তে গাণিতিক সমীকরণ এর ধারনা বেশি কার্যকরী এবং এগুলি অ্যাপ্লিকেশনের মডেল হিসাবে কাজ করতে পারে। একটি আকর্ষণীয় সত্য হিসাবে কিছু উন্মুক্ত প্রশ্ন দেওয়া হল এই মৌখিক প্রশ্নগুলি মূল শর্তাবলী এবং ধারণাগুলির ধারণা মূল্যায়নে সহায়তা করবে। অন্যদিকে, বীজগণিতের সমস্যাগুলি শিক্ষার্থীদের বীজগাণিতিক সূত্রের যথাযথ প্রয়োগ করতে শেখায়। লেখচিত্র সম্পর্কিত সমস্যাগুলি শিক্ষার্থীদের লেখচিত্র বিশ্লেষণ এবং লেখচিত্র অঙ্কন এর দক্ষতা পরিমাপ করতে সহায়তা করে। শিক্ষার্থীরা গণনা করতে জানলে সংখ্যাসূচক সমস্যার সমাধান করতে পারবে। বাস্তব-জীবনের বিভিন্ন সমস্যার সমাধানে এগুলির প্রয়োগ আমরা দেখতে পাই।

অনুশীলনী

সঠিক উত্তর নির্বাচন ধর্মী প্রশ্ন

1. যদি $f(x)=\frac{1}{\sqrt{x+2\sqrt{2x-4}}}+\frac{1}{\sqrt{x-2\sqrt{2x-4}}}$ হয় যখন $x>2$, তাহলে $f(11)=$ ....

(a)7/6 (b) 5/6

(c)6/7 (d) 5/7

2. $f(x)=\frac{x^2-3x+2}{x^2+x-6}=$ .... অপেক্ষকের সংজ্ঞার অঞ্চল হয়

(a) $\{x : x\in R,\ x\neq 3\}$ (b) $\{x : x\in R,\ x\neq 2\}$

(c) $\{x : x\in R\}$ (d) $\{x : x\in R,\ x\neq 2, x\neq -3\}$

3. $f(x)=\frac{1}{x^3-x}=$ .... অপেক্ষকের সংজ্ঞার অঞ্চল হয়

(a) R – {–1,0,1} (b) R

(c) R – {0,1} (d) কোনটাই নয়

4. $f(x)=\frac{x^2}{1+x^2}=$ .... অপেক্ষকের বিস্তার হবে

(a) R – {1} (b) $R^+\cup\{0\}$

(c) [0, 1] (d) কোনটাই নয়

5. যদি অপেক্ষক $f(x)=x^2-6x+7$ -এর সংজ্ঞার অঞ্চল হয় $(-\infty,\infty)$, তাহলে অপেক্ষকের বিস্তার হবে

(a) $(-\infty,\infty)$ (b) $[-2,\infty)$

(c) $(-2,3)$ (d) $(-\infty,-2)$

6. $f(x)=\frac{1}{\sqrt{x+2}}=$ .... অপেক্ষকের সংজ্ঞার অঞ্চল হয়

(a) R (b) (–2, ∞)

(c) [2, ¥] (d) [0, ¥]

7. $\sqrt{2-x}-\dfrac{1}{\sqrt{9-x^2}}=$ .... অপেক্ষকের সংজ্ঞার অঞ্চল হয়

(a) $(-3, 1)$ (b) $[-3, 1]$

(c) $(-3, 2]$ (d) $[-3, 1)$

8. $\dfrac{\sqrt{1+x}-\sqrt{1-x}}{x}=$ .... অপেক্ষকের সংজ্ঞার অঞ্চল হয়

(a) $(-1, 1)$ (b) $(-1, 1)-\{0\}$

(c) $[-1, 1]$ (d) $[-1, 1]-\{0\}$

9. $f(x)=\sqrt{x-x^2}+\sqrt{4+x}+\sqrt{4-x}$ i= ....অপেক্ষকের সংজ্ঞার অঞ্চল হয়

(a) $[-4, \infty)$ (b) $[-4, 4]$

(c) $[0, 4]$ (d) $[0, 1]$

অপেক্ষকের সীমার ভিত্তিতে কিছু প্রশ্ন

10. $\lim\limits_{x\to 0}\dfrac{x}{\sqrt{1+x}-\sqrt{1-x}}=$ ....

(a) 1/2 (b) 2

(c) 1 (d) 0

11. $\lim\limits_{x\to 0}\dfrac{\tan 2x-x}{3x-\sin x}=$ ....

(a) 2/3 (b) 1/3

(c) 1/2 (d) 0

12. $\lim\limits_{x\to\infty}\left(\dfrac{x+2}{x+1}\right)^{x+3}=$ ....

(a) 1 (b) e

(c) e^2 (d) e^3

13. $\lim\limits_{x\to 0}\dfrac{\sin x^{\circ}}{x}$ is = ...

(a) 1 (b) p

(c) x (d) $\pi/180$

14. যদি $f(x)=\begin{cases} x-1, x<0 \\ 1/4, x=0 \\ x^2, x>0 \end{cases}$ তাহলে $\lim_{x\to 0} f(x) = \ldots\ldots\ldots$

(a) 0 (b) 1

(c) –1 (d) অস্তিত্ব নেই

15. যদি $f(x)=\begin{cases} 4x, & x<0 \\ 1, & x=0 \\ 3x^2, & x>0 \end{cases}$, তাহলে $\lim_{x\to 0} f(x) = \ldots\ldots\ldots$

(a) 0 (b) 1

(c) 3 (d) অস্তিত্ব নেই

16. $\lim_{x\to\infty} \sin x = \ldots\ldots\ldots$

(a) 1 (b) 0

(c) ¥ (d) অস্তিত্ব নেই

17. $\lim_{x\to 0} \sin \frac{1}{x} = \ldots\ldots\ldots$

(a) 0 (b) 1

(c) ¥ (d) অস্তিত্ব নেই

18. $\lim_{x\to 0} x \sin\frac{1}{x} = \ldots\ldots\ldots$

(a) 1 (b) 0

(c) ¥ (d) কোনটাই নয়

19. $\lim_{x\to a}\frac{\sqrt{x}+\sqrt{a}}{x+a} = \ldots\ldots\ldots$

(a) $\sqrt{x}$ (b) $\sqrt{a}$

(c) $\frac{1}{\sqrt{a}}$ (d) $\frac{1}{\sqrt{x}}$

20. $\lim_{x\to\infty}\left(1+\frac{3}{2x}\right)^{\frac{2x}{3}} = \ldots\ldots\ldots$

(a) $\frac{1}{e}$ (b) e

(c) $e^{\frac{2}{3}}$ (d) $e^{\frac{3}{2}}$

সঠিক উত্তর নির্বাচন ধর্মী প্রশ্নের উত্তর									
1.	c	**2.**	d	**3.**	a	**4.**	c	**5.**	b
6.	b	**7.**	c	**8.**	d	**9.**	d	**10.**	c
11.	c	**12.**	b	**13.**	d	**14.**	d	**15.**	a
16.	d	**17.**	d	**18.**	b	**19.**	c	**20.**	b

বিষয় ভিত্তিক সংক্ষিপ্ত এবং রচনাধর্মী প্রশ্ন

Q.1 যদি $f(x) = \log x$ হয়, তাহলে প্রমাণ করো

$$f(x \cdot y) = f(x) + f(y) \text{ এবং } f\left(\frac{x}{y}\right) = f(x) - f(y)$$

Q.2 যদি $f(x) = \tan x$ হয়, তাহলে প্রমাণ করো $f(2x) = \dfrac{2f(x)}{1-[f(x)]^2}$

Q.3 মান নির্ণয় করো:

$$\text{(i)} \lim_{x\to 2}\frac{x^3-8}{x^2-4} \quad \text{(ii)} \lim_{x\to 2}\frac{x^3-x^2-5x+6}{x^2-6x+8} \quad \text{(iii)} \lim_{x\to 2}\frac{\sqrt{2a-x}-\sqrt{x}}{a-x}$$

Q.4 মান নির্ণয় করো:

$$\text{(i)} \lim_{x\to 1^+}\frac{\sqrt{x^2-1}+\sqrt{x-1}}{\sqrt{x^2-1}} \quad \text{(ii)} \lim_{x\to 7}\frac{\sqrt{9+x}-4}{\sqrt{8-x}-1} \quad \text{(iii)} \lim_{x\to\infty}\frac{2x^2-3x+5}{4x^2-5x-9}$$

Q.5 মান নির্ণয় করো:

$$\text{(i)} \lim_{x\to -3}\frac{x^3+27}{x+3} \quad \text{(ii)} \lim_{x\to a}\frac{\sqrt[3]{x}-\sqrt[3]{a}}{\sqrt[7]{x}-\sqrt[7]{a}} \quad \text{(iii)} \lim_{x\to 2}\frac{x^7-128}{x^{\frac{1}{2}}-2^{\frac{1}{2}}}$$

Q.6 যদি $\lim_{x\to 3}\dfrac{x^n-3^n}{x-3} = 27$ হয়, তাহলে n = ?

Q.7 মান নির্ণয় করো:

$$\text{(i)} \lim_{\theta\to 0}\frac{\sin(a\theta)}{\sin(b\theta)} \quad \text{(ii)} \lim_{x\to\frac{\pi}{4}}\frac{2-\sec^2 x}{1-\tan x} \quad \text{(iii)} \lim_{\theta\to 0}\frac{\operatorname{cosec}\theta-\cot\theta}{\theta}$$

Q.8 মান নির্ণয় করো:

(i) $\lim\limits_{x\to 0}\dfrac{5^{3x}-3^{2x}}{x}$ (ii) $\lim\limits_{x\to 0}\dfrac{12^{x}-4^{x}-3^{x}+1}{x^{2}}$ (iii) $\lim\limits_{x\to 0}\dfrac{e^{x}-\sin x-1}{x}$

Q.9 মান নির্ণয় করো:

(i) $\lim\limits_{x\to 0}\left(1+\dfrac{3x}{4}\right)^{\frac{6}{x}}$ (ii) $\lim\limits_{x\to 0}\left(1+\dfrac{4x}{7}\right)^{\frac{3}{2x}}$ (iii) $\lim\limits_{x\to 0}\left(\dfrac{x+2}{x+1}\right)^{x}$

Q.10 মান নির্ণয় করো:

(i) $\lim\limits_{x\to 0}\dfrac{\cos 3x-\cos 2x}{x^{2}}$ (ii) $\lim\limits_{x\to 0}\dfrac{\sqrt{2}-\sqrt{1+\cos x}}{\sin^{2} x}$ (iii) $\lim\limits_{x\to 0}\dfrac{6^{x}-3^{x}-2^{x}-1}{x^{2}}$

সংক্ষিপ্ত এবং রচনাধর্মী প্রশ্নের উত্তর

Q.3 (i) 3 (ii) $-\dfrac{3}{2}$ (iii) $\dfrac{1}{\sqrt{a}}$

Q.4 (i) $\dfrac{\sqrt{2+1}}{\sqrt{2}}$ (ii) $-\dfrac{1}{4}$ (iii) $\dfrac{1}{2}$

Q.5 (i) 27 (ii) $\dfrac{7}{3}(a)^{\frac{4}{21}}$ (iii) $896\sqrt{2}$

Q.6 3

Q.7 (i) $\dfrac{a}{b}$ (ii) 2 (iii) $\dfrac{1}{2}$

Q.8 (i) $\log\left(\dfrac{125}{9}\right)$ (ii) $\log 3.\log 4$ (iii) 0

Q.9 (i) $e^{\frac{9}{2}}$ (ii) $e^{\frac{6}{7}}$ (iii) e

Q.10 (i) $-\dfrac{5}{2}$ (ii) $\dfrac{1}{2\sqrt{2}}$ (iii) $\log 3\cdot\log 2$

আরও জানো

- কলন বিদ্যার ক্রমান্বয় বিকাশের ঐতিহাসিক পথ।
- সীমা এবং লেখচিত্র।
- সীমা এবং ফ্যাক্টরিং।
- কলন বিদ্যায় ব্যবহৃত সীমাগুলি কী কী?
- শিক্ষাদান ও শেখার কার্যাবলী।
- অনলাইন টিচিং-এ স্থানান্তরীকরণ।
- ফাংশনএবং সীমা শেখার সবচেয়ে সহজ উপায়।
- কলন বিদ্যা কেন উদ্ভাবিত হয়েছিল?
- কলন বিদ্যা স্বজ্ঞাত ভাবে শেখা।
- কম জটিল করে সীমা নির্ধারণ করা।
- শিক্ষকদের জন্য অনলাইন শিক্ষা সরঞ্জাম।
- সমালোচনা মূলক চিন্তা ভাবনা শেখানো।
- স্টেম এডুকেশন।

ছোট প্রকল্প:

i. ইঞ্জিনিয়ারিং অ্যাপ্লিকেশনগুলি দেখানো অপেক্ষক গুলির লেখচিত্র আঁকতে গ্রাফিং ক্যালকুলেটর ব্যবহার করো।

ii. একটি অপেক্ষক এবং তার সীমার উপর ভিত্তি করে সমস্যার সেট সংগ্রহ করো যার বাস্তব বিশ্বে প্রয়োগ আছে।

অনুসন্ধিৎসা এবং আগ্রহ সৃষ্টিকারী বিষয়

i. ইনপুট মান পরিবর্তনের সাথেসাথে অপেক্ষকের মান অর্থাৎ আউটপুট কীভাবে পরিবর্তিত হয়।এই অধ্যয়নের মূল হল সীমার ধারণা।

ii. কিছু অপেক্ষকের ক্ষেত্রে অসীমের ভূমিকা কী, সীমার ধারণা দ্বারা এই প্রশ্নের উত্তর পাওয়া যেতে পারে।

iii. যখন একজন প্রকৌশলী একটি নতুন গাড়ির মডেল ডিজাইন করে, গাড়ির ইঞ্জিনে জ্বালানির পরিমাণ পরিমাপ করতে ছোট ছোট বিরতির সমন্বয় স্থাপন করে। তখন এই সমস্যাটি সাধারণ বহুপদী অপেক্ষকে রূপান্তরিত হয়। এই আনুমানগুলি সর্বদা সীমা ব্যবহার করে করা হয়।

iv. আমরা কীভাবে একটি ছক এবং লেখচিত্র থেকে একটি রৈখিক অপেক্ষক নির্ধারণ করব?

v. প্রদত্ত সমীকরণটি রৈখিক অপেক্ষক না একটি অরৈখিক অপেক্ষক তা আমরা কীভাবে নির্ধারণ করব?

vi. দৈনন্দিন জীবনে বা বাস্তব জগতের সমস্যাগুলিতে কী ভাবে সীমা ব্যবহার বা প্রয়োগ করা হয়?

vii. যখন স্বাধীন পরিবর্তনশীল চলের মান খুব বড় হয়ে যায় তখন কী হয়? উত্তর হিসেবে কেউ বলতে পারে, যখন স্বাধীন চলরাশি t খুব বড় মান গ্রহণ করে তখন অপেক্ষকের মান খুব ছোট হয়ে যায় এবং সেক্ষেত্রে অপেক্ষকের মান শূন্যের কাছাকাছি হয় যেহেতু চলরাশির মান অসীম হয়। উদাহরণ স্বরূপ, সাধারণ পেন্ডুলামের স্পন্দন গতি।

উপরোক্ত প্রশ্নগুলি ছাড়াও, অপেক্ষক এবং সীমার অন্যান্য প্রয়োগ গুলি যানবাহনের সর্বোচ্চ গতিসীমা, যানবাহনের ক্ষমতা, আমাদের গ্রহণ করা খাবারের পরিমাপ সীমা, ইন্টারনেট ব্যবহারের সীমা, ওষুধের ডোজ পরিমাণের সীমা ইত্যাদি বিভিন্ন সমস্যার সাথে সম্পর্কিত হতে পারে।

রেফারেন্স এবং প্রস্তাবিত রিডিং

1. E. Krezig, Advanced Engineering Mathematics, 10th Edition, Wiley, 2015.
2. H. K. Das, Advanced Engineering Mathematics, S. Chand & Co, New Delhi, 2007.
3. B. S. Grewal,Higher Engineering Mathematics, Khanna Publication, New Delhi ,2015.
4. S. S. Sastry,Engineering Mathematics, Volume 1, PHI Learning, New Delhi, 2009.
5. Alan Jeffrey, Advanced Engineering Mathematics, Harcourt/Academic Press, 2002, USA.
6. M.P. Trivedi and P.Y. Trivedi, Consider Dimension and Replace Pi, Notion Press, 2018.
7. https://grafeq.en.downloadastro.com/- Graph Eq^n 2.13
8. www.scilab.org/ -SCI Lab
9. https://www.geogebra.org- Geo Gebra
10. https://opentextbc.ca/calculusv1openstax/chapter/the-limit-of-a-function
11. https://www.accessengineeringlibrary.com/?implicit-login=true
12. https://en.wikipedia.org/wiki/Limit_of_a_function#References
13. https://nptel.ac.in/courses/111/105/111105121/

3 অন্তরকলন

ইউনিট বিশেষত্ব

এই ইউনিট বিস্তারিতভাবে নিম্নলিখিত বিষয়গুলি নিয়ে আলোচনা করে:

- বীজগণিতিক, ত্রিকোণমিতিক, সূচকীয় এবং লগারিদমিক অপেক্ষকের সংজ্ঞার দ্বারা অন্তরকলজ;
- যোগফলের অন্তরকলজ;
- অপেক্ষকের গুণফল এবং ভাগফল;
- অন্তরকলজের ধর্ম এবং অপেক্ষকের অপেক্ষকের অন্তরকলজ (শৃংখল নিয়ম);
- বৃত্তীয় এবং বিপরীত বৃত্তীয় অপেক্ষক এর অন্তরকলজ;
- লগারিদমিক অপেক্ষকের অন্তরকলজ;
- সূচকীয় অপেক্ষকের অন্তরকলজ;

প্রয়োগ-ভিত্তিক সমস্যাগুলি আরও কৌতূহল এবং সৃজনশীলতা সৃষ্টির পাশাপাশি সমস্যা সমাধানের ক্ষমতা উন্নত করার জন্য আলোচনা করা হয়।

এই ইউনিটে ব্লুমের শ্রেণীবিন্যাসের নিম্ন এবং উচ্চতর স্তর অনুসারে সঠিক উত্তর নির্বাচন ধর্মী প্রশ্নের পাশাপাশি সংক্ষিপ্ত এবং রচনাধর্মী প্রশ্নগুলি দেওয়া হয়েছে এবং কিছু সংখ্যাসূচক সমস্যা, রেফারেন্সের একটি তালিকা এবং প্রস্তাবিত রিডিং দেওয়া হয়েছে যাতে শিক্ষার্থীরা অনুশীলনের মাধ্যমে নিজেদের দক্ষতা বৃদ্ধি করতে পারে।

বিষয়বস্তুর উপর ভিত্তি করে, “আরও জানো” বিভাগ যোগ করা হয়েছে। এই অংশটি ভেবেচিন্তে পরিকল্পনা করা হয়েছে যাতে এই অংশে প্রদত্ত সম্পূরক তথ্য বইটির ব্যবহারকারীদের জন্য উপকারী হয়। এই বিভাগটি প্রধানত অন্তরকলজ অধ্যয়নের প্রয়োজনীয়তা, কিভাবে অন্তরকলজ আমাদের দৈনন্দিন জীবনে ব্যবহার করা হয় সে সম্পর্কে কিছু মজার তথ্য, নিদর্শন এবং সম্পর্কের ন্যায্যতা ও সাধারণীকরণের মাধ্যমে গাণিতিক যুক্তির ব্যবহার, সমসাময়িক অ-গাণিতিক ঘটনার সাথে ঐতিহাসিক প্রেক্ষাপটে গণিতের বিকাশ, কিভাবে গণিতের উপর ভিত্তি করে বিভিন্ন সমস্যাগুলি অজানা পরিসরে ব্যবহার করা যেতে পারে, অন্তরকলজ এবং এর বীজগণিত শেখার সহজ উপায়, অন্তরকলজ উদ্ভাবন কেন করা হয়েছিল, অন্তরকলজ স্বজ্ঞাতভাবে শেখা ইত্যাদি শিক্ষণ এবং শেখার উপর আলোকপাত করে।

অন্যদিকে, এই ইউনিটের অন্তর্ভুক্ত প্রস্তাবিত মাইক্রো প্রকল্প এবং কিছু বুদ্ধিদীপ্ত প্রশ্ন বিষয়টির জন্য অনুসন্ধিৎসা এবং আগ্রহ তৈরি করে।

যৌক্তিকতা

অন্তরকলন হল প্রকৌশলী, বিজ্ঞানী এবং অর্থনীতিবিদদের গাণিতিক ভাষা। অন্তরকলন গণিতের একটি শাখা যা গণনা করে কিভাবে পদার্থ এবং কণা আসলে চলাচল করে। অন্তরকলন দিয়ে, আমরা খুঁজে পেতে পারি কিভাবে একটি সিস্টেমের পরিবর্তিত অবস্থা আমাদের প্রভাবিত করে এবং আমরা সেটা নিয়ন্ত্রণও করতে পারি। আমরা সর্বদা এমন রাশি গুলো পাই যা একে অপরের সাপেক্ষে পরিবর্তিত হয় এবং পরিবর্তনের এই হারগুলি প্রায়শই অন্তরকলন হিসাবে প্রকাশ করা যেতে পারে। একটি অপেক্ষকের সর্বোচ্চ এবং সর্বনিম্ন মান নির্ধারণ করতে অন্তরকলনের ভূমিকা অপরিহার্য। উদাহরণ স্বরূপ খরচ, শক্তি, একটি বিল্ডিংয়ে ব্যবহৃত উপাদানের পরিমাণ ইত্যাদি পরিমাপ। আমরা অন্তরকলনের ধারণাটি ব্যবহার করি যা আমাদের চলমান বস্তুগুলির আচরণ মডেলিং করতে ও সহায়তা করে। অন্তরকলন স্পেস শাটল এবং অন্যান্য অনুরূপ সমস্যার ক্ষেত্রে অবস্থান ট্র্যাক করার মতো বৈচিত্র্যময় সমস্যার সমাধান খুব যথাযথ ভাবে সম্ভব করে তোলে।অন্তরকলনের যে সকল সমস্যা সমাধান করা এক সময় কঠিন ছিল সেই সমস্যাগুলি সমাধান করার জন্য কম্পিউটার একটি মূল্যবান সরঞ্জাম হয়ে উঠেছে। অন্তরকলনের একটি মার্জিত সৌন্দর্য রয়েছে যা গণিতবিদদের শিল্পের একটি অবস্থা হিসাবে এটিকে দেখতে প্ররোচিত করে।

পূর্ব জ্ঞানের-প্রয়োজনীয়তা

- অপেক্ষক এবং তাদের লেখচিত্র।
- একটি অপেক্ষক কে অনুরূপ একটি অপেক্ষকে রূপান্তর।
- ত্রিকোণমিতিক অপেক্ষক।
- ত্রিকোণমিতির ধর্ম।
- স্থানাঙ্ক জ্যামিতি।
- দ্বিঘাত উপপাদ্য।
- সীমা এবং সন্ততা।
- বীজগণিতের কৌশলগুলির সাথে পরিচিতি।
- প্রতিস্থাপন।

ইউনিট ফলাফল

U3-O1: একঘাত অপেক্ষকের অন্তরকলন কিভাবে বের করে।

U3-O2: প্রদত্ত বীজগাণিতিক, ত্রিকোণমিতিক, বিপরীত বৃত্তীয় অপেক্ষক, সূচকীয় অপেক্ষক এবং লগারিদমিক অপেক্ষকের অন্তরকলন নির্ণয়।

U3-O3: প্রদত্ত অপেক্ষকের লেখচিত্র এর বৈশিষ্ট্য নির্ধারণ করতে অন্তরকলনের ব্যবহার।

U3-O4: প্রদত্ত অপেক্ষককে জ্যামিতিক ভাবে বিশ্লেষণ এবং ব্যাখ্যা করার জন্য অন্তরকলনের ব্যবহার।

U3-O5: বাস্তব বিশ্বের পরিস্থিতি পর্যালোচনায় অন্তরকলনের ধারণা ব্যবহার।

কোর্স ফলাফলের সাথে ইউনিট ফলাফলের সমন্বয়। একটি নমুনা ম্যাট্রিক্স নীচে দেওয়া হল:

ইউনিট-3 ফলাফল	কোর্স ফলাফলের সাথে ইউনিট ফলাফলের সমন্বয় *(1- দুর্বল পারস্পরিক সম্পর্ক; 2- মাঝারি পারস্পরিক সম্পর্ক; 3- দৃঢ় পারস্পরিক সম্পর্ক)*						
	CO-1	CO-2	CO-3	CO-4	CO-5	CO-6	CO-7
U3-O1			1	1	1	1	
U3-O2		1	2	2	2	2	
U3-O3		1	3	3	2	1	
U3-O4		1	3	3	2	1	
U3-O5		1	3	2	3	2	

3.1 একটি বিন্দুতে অপেক্ষকের অন্তরকলজ

ধরা যাক একটি নির্দিষ্ট অন্তরালে সংজ্ঞাত একটি বাস্তব মান যুক্ত অপেক্ষক হল $f(x)$ এবং a সংজ্ঞার অঞ্চলে বিদ্যমান একটি বিন্দু। a বিন্দুতে $f(x)$ -এর অন্তরকলন নিম্নোক্তভাবে সংজ্ঞায়িত করা হয়

$$\lim_{h\to 0}\frac{f(a+h)-f(a)}{h}$$

a বিন্দুতে $f(x)$ -এর অন্তরকলন $f(a)$ এই প্রতীক দ্বারা প্রকাশ করা হয়। এখানে লক্ষণীয় বিষয় হল $f(a)$ দ্বারা বোঝানো হয় যে $f(x)$ অপেক্ষকের a বিন্দুতে x এর সাপেক্ষে অন্তরকলজ।

উদাহরণ 1: $x=2$ বিন্দুতে $f(x)=3x$ অপেক্ষকের অন্তরকলজ কত হবে?

সমাধান:

$$f'(2)=\lim_{h\to 0}\frac{f(2+h)-f(2)}{h}=\lim_{h\to 0}\frac{3(2+h)-3(2)}{h}=\lim_{h\to 0}\frac{3h}{h}=\lim_{h\to 0}3=3$$

3.1.1 অপেক্ষকের অন্তরকলজ

ধরা যাক $y=f(x)$ অপেক্ষকটি সংজ্ঞার অঞ্চলে সর্বত্রই অবকলন যোগ্য। সুতরাং সংজ্ঞার অঞ্চলের প্রত্যেকটি বিন্দুর জন্য একটি এবং কেবলমাত্র একটি বাস্তব সংখ্যা পাওয়া যাবে। ফলে, সংজ্ঞার অঞ্চলের প্রত্যেকটি বিন্দু এবং সেই সব বিন্দুতে অন্তরকলজের মধ্যে একটি একক সম্পর্ক পাওয়া যাবে। এই একক সম্পর্কটিই হল এমন একটি অপেক্ষক যেটি সংজ্ঞার অঞ্চলের সমস্ত বিন্দুকে সেই সব বিন্দুতে অপেক্ষকের অন্তরকলজে ম্যাপ করে। এই অপেক্ষকটিকে বলা হয় x এর সাপেক্ষে $f(x)$ অপেক্ষকের অন্তরকলজ এবং একে $f(x)$ দ্বারা প্রকাশ করা হয়।

$$\lim_{h\to 0}\frac{f(x+h)-f(x)}{h}$$

উপরিউক্ত সীমার মাধ্যমে কোন অপেক্ষকের অন্তরকলজ নির্ণয় এর পদ্ধতিকে অন্তরকলন বা অবকলন বলে। এই পদ্ধতিতে অন্তরকলজ নির্ণয় করাকে আমরা বলি প্রাথমিক তত্ত্ব বা সংজ্ঞা থেকে অন্তরকলজ নির্ণয় করা।

3.1.2 সংজ্ঞা অনুসারে কতকগুলি আদর্শ অপেক্ষকের অন্তরকলজ

উদাহরণ2: $y = f(x) = x^n$ **অপেক্ষকের সংজ্ঞা অনুসারে অন্তরকলজ নির্ণয় করো।**

সমাধান: আমরা জানি, $\frac{dy}{dx} = f'(x) = \lim_{h \to 0} \frac{f(x+h) - f(x)}{h}$

$$\frac{dy}{dx} = f'(x) = \lim_{h \to 0} \frac{f(x+h) - f(x)}{h} = \lim_{h \to 0} \frac{(x+h)^n - (x)^n}{h} = \lim_{x+h \to x} \frac{(x+h)^n - (x)^n}{(x+h) - x}$$

$= nx^{n-1}$; [$\lim_{x \to a} \frac{x^n - a^n}{x - a} = na^{n-1}$, সূত্র প্রয়োগ করে।]

উদাহরণ **3.** $y = f(x) = sinx$ **অপেক্ষকের সংজ্ঞা অনুসারে অন্তরকলজ নির্ণয় করো।**

সমাধান: $\frac{dy}{dx} = f'(x) = \lim_{h \to 0} \frac{f(x+h) - f(x)}{h} = \lim_{h \to 0} \frac{\sin(x+h) - \sin(x)}{h}$

$$= \lim_{h \to 0} \frac{2\cos\left(\frac{x+h+x}{2}\right) \cdot \sin\left(\frac{x+h-x}{2}\right)}{h} = \lim_{h \to 0} \frac{\cos\left(x + \frac{h}{2}\right) \cdot \sin\left(\frac{h}{2}\right)}{\frac{h}{2}}$$

$$= \lim_{h \to 0} \cos\left(x + \frac{h}{2}\right) \cdot \lim_{\frac{h}{2} \to 0} \frac{\sin\left(\frac{h}{2}\right)}{\left(\frac{h}{2}\right)} = \cos x \cdot 1 = \cos x$$

[$\lim_{x \to 0} \frac{\sin x}{x} = 1$, সূত্র প্রয়োগ করে।]

উদাহরণ **4.** $y = f(x) = cosx$ **অপেক্ষকের সংজ্ঞা অনুসারে অন্তরকলজ নির্ণয় করো।**

সমাধান: $\frac{dy}{dx}=f'(x)=\lim_{h\to 0}\frac{f(x+h)-f(x)}{h}=\lim_{h\to 0}\frac{\cos(x+h)-\cos(x)}{h}$

$$=\lim_{h\to 0}\frac{-2\sin\left(\frac{x+h+x}{2}\right)\cdot\sin\left(\frac{x+h-x}{2}\right)}{h}=\lim_{h\to 0}\frac{-\sin\left(x+\frac{h}{2}\right)\cdot\sin\left(\frac{h}{2}\right)}{\frac{h}{2}}$$

$$=-\lim_{h\to 0}\sin\left(x+\frac{h}{2}\right)\cdot\lim_{\frac{h}{2}\to 0}\frac{\sin\left(\frac{h}{2}\right)}{\left(\frac{h}{2}\right)}=-\sin x\cdot 1=-\sin x$$

[$\lim_{x\to 0}\frac{\sin x}{x}=1$,সূত্র প্রয়োগ করে।]

উদাহরণ **5.** $y=f(x)=tanx$ **অপেক্ষকের সংজ্ঞা অনুসারে অন্তরকলজ নির্ণয় করো।**

সমাধান: $\frac{dy}{dx}=f'(x)=\lim_{h\to 0}\frac{f(x+h)-f(x)}{h}=\lim_{h\to 0}\frac{\tan(x+h)-\tan(x)}{h}$

$$=\lim_{h\to 0}\frac{\frac{\sin(x+h)}{\cos(x+h)}-\frac{\sin x}{\cos x}}{h}=\lim_{h\to 0}\frac{\sin(x+h)\cdot\cos x-\sin x\cdot\cos(x+h)}{h\cdot\cos x\cdot\cos(x+h)}$$

$$=\lim_{h\to 0}\frac{\sin(x+h-x)}{h\cdot\cos x\cdot\cos(x+h)}=\lim_{h\to 0}\frac{\text{sinh}}{h}\cdot\lim_{h\to 0}\frac{1}{\cos x\cdot\cos(x+h)}$$

$=1\cdot\frac{1}{\cos x\cdot\cos x}=\frac{1}{\cos^2 x}=\sec^2 x$ [$\lim_{x\to 0}\frac{\sin x}{x}=1$,সূত্র প্রয়োগ করে।]

উদাহরণ **6.** $y=f(x)=e^x$ **অপেক্ষকের সংজ্ঞা অনুসারে অন্তরকলজ নির্ণয় করো।**

সমাধান: $\dfrac{dy}{dx}=f'(x)=\lim\limits_{h\to 0}\dfrac{f(x+h)-f(x)}{h}=\lim\limits_{h\to 0}\dfrac{e^{x+h}-e^{x}}{h}$

$$=\lim_{h\to 0}\frac{e^{x}\left(e^{h}-1\right)}{h}=e^{x}\lim_{h\to 0}\frac{\left(e^{h}-1\right)}{h}=e^{x}\cdot\log_{e}e=e^{x}\cdot 1=e^{x}$$, [$\lim\limits_{h\to 0}\dfrac{e^{h}-1}{h}=1$,সূত্র প্রয়োগ করে।]

উদাহরণ 7. $y=f(x)=log_{e}x$ **অপেক্ষকের সংজ্ঞা অনুসারে অন্তরকলজ নির্ণয় করো।**

সমাধান:

$$\frac{dy}{dx}=f'(x)=\lim_{h\to 0}\frac{f(x+h)-f(x)}{h}=\lim_{h\to 0}\frac{\log(x+h)-\log x}{h}$$

$$=\lim_{h\to 0}\frac{\log\left(\frac{x+h}{x}\right)}{h}=\lim_{h\to 0}\frac{1}{h}\cdot\log\left(\frac{x+h}{x}\right)=\lim_{h\to 0}\log\left(\frac{x+h}{x}\right)^{\frac{1}{h}}$$

$$=\log\left[\lim_{h\to 0}\left(1+\frac{h}{x}\right)^{\frac{1}{h}}\right]=\log\left[\left\{\lim_{\frac{h}{x}\to 0}\left(1+\frac{h}{x}\right)^{\frac{x}{h}}\right\}^{\frac{1}{x}}\right]=\log_{e}e^{\frac{1}{x}}=\frac{1}{x}\log_{e}e=\frac{1}{x}$$

(1) বীজগাণিতিক অপেক্ষকের অন্তরকলজ:

(i) $\dfrac{d}{dx}\left(x^{n}\right)=nx^{n-1}$

(ii) $\dfrac{d}{dx}\left(\dfrac{1}{x^{n}}\right)=-\dfrac{n}{x^{n+1}}$

(iii) $\dfrac{d}{dx}\left(\sqrt{x}\right)=\dfrac{1}{2\sqrt{x}}$

(iv) $\dfrac{d}{dx}(k)=0$, k যেখানে ধ্রুবক।

(2) ত্রিকোণমিতিক অপেক্ষকের অন্তরকলজ:

(i) $\dfrac{d}{dx}\sin x=\cos x$

(ii) $\dfrac{d}{dx}\cos x=-\sin x$

(iii) $\dfrac{d}{dx}\tan x=\sec^{2}x$

(iv) $\frac{d}{dx}\sec x = \sec x \tan x$

(v) $\frac{d}{dx}\operatorname{cosec} x = -\operatorname{cosec} x \cot x$

(vi) $\frac{d}{dx}\cot x = -\operatorname{cosec}^2 x$

(3) লগারিদমিক এবং সূচকীয় অপেক্ষকের অন্তরকলজ :

(i) $\frac{d}{dx}\log x = \frac{1}{x}$, যখন $x > 0$

(ii) $\frac{d}{dx}e^x = e^x$

(iii) $\frac{d}{dx}a^x = a^x \log a$, যখন $a > 0$

(iv) $\frac{d}{dx}\log_a x = \frac{1}{x \log a}$, যখন $x > 0, a > 0, a \neq 1$

(4) বিপরীত বৃত্তীয় অপেক্ষক এর অন্তরকলজ:

(i) $\frac{d}{dx}\sin^{-1} x = \frac{1}{\sqrt{1-x^2}}$, যখন $-1 < x < 1$

(ii) $\frac{d}{dx}\cos^{-1} x = \frac{-1}{\sqrt{1-x^2}}$, যখন $-1 < x < 1$

(iii) $\frac{d}{dx}\sec^{-1} x = \frac{1}{|x|\sqrt{x^2-1}}$, যখন $|x| > 1$

(iv) $\frac{d}{dx}\operatorname{cosec}^{-1} x = \frac{-1}{|x|\sqrt{x^2-1}}$, যখন $|x| > 1$

(v) $\frac{d}{dx}\tan^{-1} x = \frac{1}{1+x^2}$, যখন $x \in R$

(vi) $\frac{d}{dx}\cot^{-1} x = \frac{-1}{1+x^2}$, for $x \in R$

3.2 অন্তরকলজের বীজগাণিতিক ধর্ম

যেহেতু অন্তরকলজের সংজ্ঞায় সীমা ব্যবহৃত হয়, আমরা ধরে নিতে পারি সীমার সকল ধর্ম অন্তরকলজের ও ধর্ম হবে। অন্তরকলজের বিভিন্ন ধর্ম গুলি নিচে দেওয়া হল।

ধরা যাক $f(x)$ এবং $g(x)$ দুটি অপেক্ষক এবং তাদের অন্তরকলজ একিই সংজ্ঞার অঞ্চলে সংজ্ঞায়িত। তাহলে

(i) দুটি অপেক্ষকের যোগফল অথবা বিয়োগফলের অন্তরকলজ, অপেক্ষক দুটির আলাদা আলাদা অন্তরকলজের যোগফল অথবা বিয়োগফল এর সঙ্গে সমান হয়, তবে

$$\frac{d}{dx}\left(f(x) \pm g(x)\right) = \frac{d}{dx}f(x) \pm \frac{d}{dx}g(x)$$

(ii) যদি $f(x)$ একটি অবকলন যোগ্য অপেক্ষক হয় এবং k কোন ধ্রুবক হয়, তবে

$$\frac{d}{dx}\left(kf(x)\right) = k\frac{d}{dx}f(x)$$

(iii) যদি $f(x)$ এবং $g(x)$ দুটি অবকলন যোগ্য অপেক্ষক হয়, তবে

$$\frac{d}{dx}\left(f(x) \times g(x)\right) = f(x) \times \frac{d}{dx}g(x) + g(x) \times \frac{d}{dx}f(x)$$

(iv) যদি $f(x)$ এবং $g(x)$ দুটি অবকলন যোগ্য অপেক্ষক হয় এবং $g(x) \neq 0$ তবে

$$\frac{d}{dx}\left(\frac{f(x)}{g(x)}\right) = \frac{g(x)\frac{d}{dx}f(x) - f(x)\frac{d}{dx}g(x)}{g^2(x)}$$

উদাহরণ 8: $\frac{d}{dx}\left(\sqrt{x} + \frac{1}{\sqrt{x}}\right)^2 = ?$

Basics of Calculus

(a) $1 - \frac{1}{x^2}$ (b) $1 + \frac{1}{x^2}$

(c) $1 - \frac{1}{2x}$ (d) কোনটাই নয়

সমাধান: (a) $\frac{d}{dx}\left(\sqrt{x} + \frac{1}{\sqrt{x}}\right)^2 = \frac{d}{dx}\left[x + \frac{1}{x} + 1\right] = 1 - \frac{1}{x^2}$.

উদাহরণ 9: নিম্নোক্ত অপেক্ষক গুলির অন্তরকলজ বের কর:

(i) $(x-1)(x^2+3)$ (ii) $\frac{(2x+1)(x^2-3)}{x}$

সমাধান:

(i) ধরাযাক $y=(x-1)(x^2+3)$

$$\therefore y=x^3-x^2+3x-3$$

$$\therefore \frac{dy}{dx}=3x^2-2x+3$$

(ii) ধরাযাক $y=\frac{(2x+1)(x^2-3)}{x}$

$$\therefore y=\frac{2x^3+x^2-6x-3}{x}$$

$$\therefore y=2x^2+x-6-\frac{3}{x}$$

$$\therefore \frac{dy}{dx}=4x+1+\frac{3}{x^2}$$

উদাহরণ **10:** নিম্নোক্ত অপেক্ষক গুলির অন্তরকলজ বের কর:

(i) $(1+2x^2)\cos x$ (ii) $2x\sin x-\left(1+x^2\right)\sin x$

সমাধান:

(i) ধরাযাক $y=(1+2x^2)\cos x$

$$\therefore \frac{dy}{dx}=\frac{d}{dx}\left[(1+2x^2)\cos x\right]$$

$$\therefore \frac{dy}{dx}=(1+2x^2)\frac{d}{dx}\cos x+\cos x\frac{d}{dx}(1+2x^2)$$

$$\therefore \frac{dy}{dx}=(1+2x^2)\left(-\sin x\right)+\cos x\left(4x\right)$$

$$\therefore \frac{dy}{dx} = 4x\cos x - 2x^2 \sin x - \sin x$$

(ii) ধরাযাক $y = 2x\sin x - (1+x^2)\sin x$

$$\therefore \frac{dy}{dx} = \frac{d}{dx}\left[2x\sin x - (1+x^2)\sin x\right]$$

$$\therefore \frac{dy}{dx} = \frac{d}{dx}(2x\sin x) - \frac{d}{dx}\left[(1+x^2)\sin x\right]$$

$$\therefore \frac{dy}{dx} = \left[2x\frac{d}{dx}(\sin x) + \sin x\frac{d}{dx}(2x)\right] - \left[(1+x^2)\frac{d}{dx}(\sin x) + \sin x\frac{d}{dx}(1+x^2)\right]$$

$$\therefore \frac{dy}{dx} = \left[2x(\cos x) + \sin x(2)\right] - \left[(1+x^2)(\cos x) + \sin x(2x)\right]$$

$$\therefore \frac{dy}{dx} = \left[2x\cos x + 2\sin x\right] - \left[\cos x + x^2\cos x + 2x\sin x\right]$$

$$\therefore \frac{dy}{dx} = 2x\cos x + 2\sin x - \cos x - x^2\cos x - 2x\sin x$$

উদাহরণ 11: নিম্নোক্ত অপেক্ষক গুলির অন্তরকলজ বের কর:

(i) $y = \dfrac{x^2 - 4}{3x^2 + 5}$ (ii) $y = \dfrac{\sqrt{a} + \sqrt{x}}{\sqrt{a} - \sqrt{x}}$

(iii) $y = \dfrac{4^x \cot x}{\sqrt{x}}$

সমাধান:

(i) $y = \dfrac{x^2 - 4}{3x^2 + 5}$

$$\therefore \frac{dy}{dx}=\frac{\left(3x^2+5\right)\frac{d}{dx}\left(x^2-4\right)-\left(x^2-4\right)\frac{d}{dx}\left(3x^2+5\right)}{\left(3x^2+5\right)^2}$$

$$\therefore \frac{dy}{dx}=\frac{\left(3x^2+5\right)(2x)-\left(x^2-4\right)(6x)}{\left(3x^2+5\right)^2}$$

$$\therefore \frac{dy}{dx}=\frac{6x^3+10x-6x^3+24x}{\left(3x^2+5\right)^2}$$

$$\therefore \frac{dy}{dx}=\frac{34x}{\left(3x^2+5\right)^2}$$

(ii) $y=\dfrac{\sqrt{a}+\sqrt{x}}{\sqrt{a}-\sqrt{x}}$

$$\therefore \frac{dy}{dx}=\frac{\left(\sqrt{a}-\sqrt{x}\right)\frac{d}{dx}\left(\sqrt{a}+\sqrt{x}\right)-\left(\sqrt{a}+\sqrt{x}\right)\frac{d}{dx}\left(\sqrt{a}-\sqrt{x}\right)}{\left(\sqrt{a}-\sqrt{x}\right)^2}$$

$$\therefore \frac{dy}{dx}=\frac{\left(\sqrt{a}-\sqrt{x}\right)\left(\frac{1}{2\sqrt{x}}\right)-\left(\sqrt{a}+\sqrt{x}\right)\left(\frac{-1}{2\sqrt{x}}\right)}{\left(\sqrt{a}-\sqrt{x}\right)^2}$$

$$\therefore \frac{dy}{dx}=\frac{\frac{1}{2\sqrt{x}}\left(\sqrt{a}-\sqrt{x}+\sqrt{a}+\sqrt{x}\right)}{\left(\sqrt{a}-\sqrt{x}\right)^2}$$

$$\therefore \frac{dy}{dx}=\frac{\sqrt{a}}{\sqrt{x}\left(\sqrt{a}-\sqrt{x}\right)^2}$$

(iii) $y=\dfrac{4^x\cot x}{\sqrt{x}}$

$$\therefore \frac{dy}{dx}=\frac{d}{dx}\left(\frac{4^x \cot x}{\sqrt{x}}\right)$$

$$\therefore \frac{dy}{dx}=\frac{\sqrt{x}\frac{d}{dx}\left(4^x \cot x\right)-4^x \cot x\frac{d}{dx}\sqrt{x}}{\left(\sqrt{x}\right)^2}$$

$$\therefore \frac{dy}{dx}=\frac{\sqrt{x}\left[4^x(-\cos ec^2 x)+\cot x\cdot 4^x \log 4\right]-4^x \cot x\frac{1}{2\sqrt{x}}}{x}$$

$$\therefore \frac{dy}{dx}=\frac{4^x\left(2x\cot x\log 4-2x\cos ec^2 x-\cot x\right)\cdot}{2x\sqrt{x}}$$

উদাহরণ **12:** যদি $f(x)=x\tan^{-1}x$ হয়, তাহলে $f'(1)=?$

সমাধান: $f(x)=x\tan^{-1}x$

x এর সাপেক্ষে অন্তরকলন করে পাই $f'(x)=x\frac{1}{1+x^2}+\tan^{-1}x$

সুতরাং , $x=1$ এর জন্য, $f'(1)=\frac{1}{2}+\tan^{-1}(1)=\frac{\pi}{4}+\frac{1}{2}$

3.3 অপেক্ষকের অপেক্ষকের অন্তরকলজ (শৃংখল নিয়ম)

যদি $y(u)$, u এর সাপেক্ষে একটি অপেক্ষক হয় এবং $u(x)$, x এর সাপেক্ষে একটি অপেক্ষক হয় তাহলে x এর সাপেক্ষে y-এর অন্তরকলজ হয়

$$\frac{dy}{dx}=\frac{dy}{du}\cdot\frac{du}{dx}$$

সাধারণভাবে,
$$\frac{dy}{dx}=\frac{dy}{du}\cdot\frac{du}{dv}\cdots\cdots\frac{dz}{dx}$$

উদাহরণ 13: যদি $y=f\left(x\right)=\sin x^2$ হয়, তাহলে x এর সাপেক্ষে y-এর অন্তরকলজ নির্ণয় করো।

সমাধান: $\frac{d}{dx}y=\frac{d}{dx}\sin x^2=\cos x^2\frac{d}{dx}x^2=2x\cos x^2$

উদাহরণ 14: $\frac{d}{dx}(\log\tan x) = ?$

সমাধান: $\frac{d}{dx}(\log\tan x) = \frac{1}{\tan x}\sec^2 x = \frac{\cos x}{\cos^2 x\sin x}$

$$= \frac{2}{2}\frac{1}{\cos x\sin x} = 2\operatorname{cosec}2x$$

উদাহরণ 15: $\frac{d}{dx}\tan^{-1}(\sec x + \tan x) = ?$

সমাধান: $\frac{d}{dx}\tan^{-1}(\sec x + \tan x) = \frac{d}{dx}\tan^{-1}\left(\frac{1+\sin x}{\cos x}\right)$

$$= \frac{d}{dx}\tan^{-1}\left(\frac{\sin\left(\frac{x}{2}\right)+\cos\left(\frac{x}{2}\right)}{\cos\left(\frac{x}{2}\right)-\sin\left(\frac{x}{2}\right)}\right) = \frac{d}{dx}\tan^{-1}\left(\tan\left(\frac{\pi}{4}+\frac{x}{2}\right)\right) = \frac{d}{dx}\left(\frac{\pi}{4}+\frac{x}{2}\right) = \frac{1}{2}$$

উদাহরণ 16: x এর সাপেক্ষে $\cos ec(2x^2+3)$-এর অন্তরকলজ নির্ণয় করো।

সমাধান: ধরা যাক $y = \cos ec(2x^2+3)$

$$\therefore \frac{dy}{dx} = \frac{d}{dx}\left[\cos ec(2x^2+3)\right]$$

$$\therefore \frac{dy}{dx} = -\cos ec(2x^2+3)\cot(2x^2+3)\cdot\frac{d}{dx}(2x^2+3)$$

$$\therefore \frac{dy}{dx} = -4x\cos ec(2x^2+3)\cot(2x^2+3)$$

উদাহরণ 17: x এর সাপেক্ষে নিম্নলিখিত অপেক্ষক গুলির অন্তরকলজ নির্ণয় করো।

(i) $\sqrt{\frac{1-\cos x}{1+\cos x}}$ (ii) $\tan^3 x + \frac{1}{3}\tan x + \frac{x}{3}$

সমাধান:

(i) ধরা যাক $y=\sqrt{\frac{1-\cos x}{1+\cos x}}$

$$\therefore \frac{dy}{dx}=\frac{d}{dx}\left[\sqrt{\frac{1-\cos x}{1+\cos x}}\right]=\frac{1}{2\sqrt{\frac{1-\cos x}{1+\cos x}}}\cdot\frac{d}{dx}\left(\frac{1-\cos x}{1+\cos x}\right)$$

$$\therefore \frac{dy}{dx}=\frac{1}{2\sqrt{\frac{1-\cos x}{1+\cos x}}}\cdot\left[\frac{(1+\cos x)\cdot\frac{d}{dx}(1-\cos x)-(1-\cos x)\cdot\frac{d}{dx}(1+\cos x)}{(1+\cos x)^2}\right]$$

$$\therefore \frac{dy}{dx}=\frac{1}{2}\sqrt{\frac{1+\cos x}{1-\cos x}}\cdot\left[\frac{(1+\cos x)(\sin x)-(1-\cos x)(-\sin x)}{(1+\cos x)^2}\right]$$

$$\therefore \frac{dy}{dx}=\frac{1}{2}\sqrt{\frac{1+\cos x}{1-\cos x}}\cdot\left[\frac{2\sin x}{(1+\cos x)^2}\right]=\frac{1}{1+\cos x}$$

(ii) ধরা যাক $y=\tan^3 x+\frac{1}{3}\tan x+\frac{x}{3}$

$$\therefore \frac{dy}{dx}=\frac{d}{dx}\left(\tan^3 x+\frac{1}{3}\tan x+\frac{x}{3}\right)$$

$$\therefore \frac{dy}{dx}=3\tan^2 x\frac{d}{dx}(\tan x)+\frac{1}{3}\sec^2 x+\frac{1}{3}$$

$$\therefore \frac{dy}{dx}=3\tan^2 x\sec^2 x+\frac{1}{3}\sec^2 x+\frac{1}{3}$$

3.4 বৃত্তীয় এবং বিপরীত বৃত্তীয় অপেক্ষক এর অন্তরকলন নির্ণয়

উদাহরণ 18: নিম্নোক্ত অপেক্ষক গুলির অন্তরকলজ বের করো:

(i) $y=\sqrt{1+\sin 2x}+\frac{\sqrt{1+\cos 2x}}{1-\cos 2x}$

(ii) $y=\sec^2 x+\tan^2 x$ (iii) $y=\dfrac{1-\sin x}{\cos x}$

সমাধান: **(i)** $y=\sqrt{1+\sin 2x}+\dfrac{\sqrt{1+\cos 2x}}{1-\cos 2x}$

$$\therefore \frac{dy}{dx}=\frac{d}{dx}\left(\sqrt{1+\sin 2x}+\frac{\sqrt{1+\cos 2x}}{1-\cos 2x}\right)=\frac{d}{dx}\left(\sqrt{1+\sin 2x}\right)+\frac{d}{dx}\left(\frac{\sqrt{1+\cos 2x}}{1-\cos 2x}\right)$$

$$=\frac{1}{2\sqrt{1+\sin 2x}}\frac{d}{dx}(1+\sin 2x)+\frac{d}{dx}\left(\frac{\sqrt{1+2\cos^2 x-1}}{1-1+2\sin^2 x}\right)$$

$$=\frac{1}{2\sqrt{1+\sin 2x}}\left[\frac{d}{dx}(1)+\frac{d}{dx}\sin 2x\right]+\frac{d}{dx}\left(-\frac{1}{\sqrt{2}}\cot x\cdot\cos ecx\right)$$

$$=\frac{1}{2\sqrt{1+\sin 2x}}[2\cos 2x]-\frac{1}{\sqrt{2}}\left(\cot x\frac{d}{dx}(\cos ecx)+\cos ecx\frac{d}{dx}(\cot x)\right)$$

$$=\frac{\cos 2x}{\sqrt{1+\sin 2x}}-\frac{1}{\sqrt{2}}\left[\cot x(-\cos ecx\cot x)+\cos ecx(-\cos ec^2 x)\right]$$

$$=\frac{\cos 2x}{\sqrt{1+\sin 2x}}+\frac{\cos ecx}{\sqrt{2}}\left[\cot^2 x+\cos ec^2 x\right]$$

(ii) $y=\sec^2 x+\tan^2 x$

$$\therefore \frac{dy}{dx}=\frac{d}{dx}\left(\sec^2 x+\tan^2 x\right)=\frac{d}{dx}\left(\sec^2 x\right)+\frac{d}{dx}\left(\tan^2 x\right)$$

$$=2\sec x\cdot\sec x\tan x+2\tan x\cdot\sec^2 x=4\tan x\cdot\sec^2 x$$

$$y=\sec^2 x+\tan^2 x=\sec^2 x+1+\sec^2 x=2\sec^2 x+1$$

$$\therefore \frac{dy}{dx}=\frac{d}{dx}\left(\sec^2 x+\tan^2 x\right)=\frac{d}{dx}\left(2\sec^2 x+1\right)=4\sec x\cdot\sec x\tan x$$

$$=4\tan x\cdot\sec^2 x$$

(iii) $y=\dfrac{1-\sin x}{\cos x}$

$$\therefore \frac{dy}{dx}=\frac{d}{dx}\left(\frac{1-\sin x}{\cos x}\right)=\frac{\cos x\frac{d}{dx}(1-\sin x)-(1-\sin x)\frac{d}{dx}(\cos x)}{\cos^2 x}$$

$$=\frac{\cos x(-\cos x)-(1-\sin x)(-\sin x)}{\cos^2 x}=\frac{-\cos^2 x+\sin x-\sin^2 x}{\cos^2 x}$$

$$=\frac{\sin x-1}{\cos^2 x}$$

উদাহরণ 19: নিম্নোক্ত অপেক্ষক গুলির অন্তরকলজ বের করো:

(i) $y=\sin^{-1}\left(2x\sqrt{1-x^2}\right)$

(ii) $y=\tan^{-1}\left(\sqrt{\dfrac{1-x}{1+x}}\right)$ (iii) $y=\tan^{-1}\left(\dfrac{2x}{1-x^2}\right)$

সমাধান: (i) $y=\sin^{-1}\left(2x\sqrt{1-x^2}\right)$

ধরা যাক $x=\sin\theta \quad \therefore \theta=\sin^{-1}x$

এবং $2x\sqrt{1-x^2}=2\sin\theta\sqrt{1-\sin^2\theta}=2\sin\theta\cos\theta=\sin 2\theta$

$$\therefore y=\sin^{-1}\left(2x\sqrt{1-x^2}\right)=\sin^{-1}(\sin 2\theta)=2\theta=2\sin^{-1}x$$

$$\therefore \frac{dy}{dx}=\frac{d}{dx}\left(2\sin^{-1}x\right)=2\frac{1}{\sqrt{1-x^2}}=\frac{2}{\sqrt{1-x^2}}$$

(ii) $y=\tan^{-1}\left(\sqrt{\dfrac{1-x}{1+x}}\right)$

ধরা যাক $x=\cos\theta \quad \therefore \theta=\cos^{-1}x$

এবং $\sqrt{\dfrac{1-x}{1+x}} = \sqrt{\dfrac{1-\cos\theta}{1+\cos\theta}} = \tan\dfrac{\theta}{2}$

$$\therefore y = \tan^{-1}\left(\sqrt{\frac{1-x}{1+x}}\right) = \tan^{-1}\left(\tan\frac{\theta}{2}\right) = \frac{\theta}{2} = \frac{1}{2}\cos^{-1}x$$

$$\therefore \frac{dy}{dx} = \frac{d}{dx}\left(\frac{1}{2}\cos^{-1}x\right) = \frac{1}{2}\frac{-1}{\sqrt{1-x^2}} = \frac{-1}{2\sqrt{1-x^2}}$$

(iii) $y = \tan^{-1}\left(\dfrac{2x}{1-x^2}\right)$

ধরা যাক $x = \tan\theta \quad \therefore \theta = \tan^{-1}x$

এবং $\dfrac{2x}{1+x^2} = \dfrac{2\tan\theta}{1+\tan^2\theta} = \tan 2\theta$

$$\therefore y = \tan^{-1}\left(\frac{2x}{1+x^2}\right) = \tan^{-1}(\tan 2\theta) = 2\theta = 2\tan^{-1}x$$

$$\therefore \frac{dy}{dx} = \frac{d}{dx}\left(2\tan^{-1}x\right) = 2\frac{1}{1+x^2} = \frac{2}{1+x^2}$$

উদাহরণ 20: নিম্নোক্ত অপেক্ষক গুলির অন্তরকলজ বের করো:

(i) $y = \sin^{-1}\left(3x-4x^3\right)$ (ii) $y = \cos^{-1}\left(\dfrac{1-x^2}{1+x^2}\right)$

(iii) $y = \tan^{-1}\left(\dfrac{1-\sqrt{1-x^2}}{x}\right)$

সমাধান: (i) $y = \sin^{-1}\left(3x-4x^3\right)$

ধরা যাক $x = \sin\theta \quad \therefore \theta = \sin^{-1}x$

এবং $3x-4x^3 = 3\sin\theta - 4\sin^3\theta = \sin 3\theta$

$$\therefore y = \sin^{-1}\left(3x-4x^3\right) = \sin^{-1}(\sin 3\theta) = 3\theta = 3\sin^{-1}x$$

$$\therefore \frac{dy}{dx} = \frac{d}{dx}\left(3\sin^{-1} x\right) = 3\frac{1}{\sqrt{1-x^2}} = \frac{3}{\sqrt{1-x^2}}$$

(ii) $y = \cos^{-1}\left(\frac{1-x^2}{1+x^2}\right)$

ধরা যাক $x = \tan\theta \quad \therefore \theta = \tan^{-1} x$

এবং $\frac{1-x^2}{1+x^2} = \frac{1-\tan^2\theta}{1+\tan^2\theta} = \cos 2\theta$

$$\therefore y = \cos^{-1}\left(\frac{1-x^2}{1+x^2}\right) = \cos^{-1}(\cos 2\theta) = 2\theta = 2\tan^{-1} x$$

$$\therefore \frac{dy}{dx} = \frac{d}{dx}\left(2\tan^{-1} x\right) = 2\frac{1}{1+x^2} = \frac{2}{1+x^2}$$

(iii) $y = \tan^{-1}\left(\frac{1-\sqrt{1-x^2}}{x}\right)$

ধরা যাক $x = \sin\theta \quad \therefore \theta = \sin^{-1} x$

এবং $\frac{1-\sqrt{1-x^2}}{x} = \frac{1-\cos\theta}{\sin\theta} = \tan\frac{\theta}{2}$

$$\therefore y = \tan^{-1}\left(\frac{1-\sqrt{1-x^2}}{x}\right) = \tan^{-1}(\tan\frac{\theta}{2}) = \frac{\theta}{2} = \frac{1}{2}\sin^{-1} x$$

$$\therefore \frac{dy}{dx} = \frac{d}{dx}\left(\frac{1}{2}\sin^{-1} x\right) = \frac{1}{2}\cdot\frac{1}{\sqrt{1-x^2}} = \frac{1}{2\sqrt{1-x^2}}$$

3.5 লগারিদমিক এবং সূচকীয় অপেক্ষক এর অন্তরকলন নির্ণয়

উদাহরণ 21: নিম্নোক্ত অপেক্ষক গুলির অন্তরকলজ বের করো:

(i) $y = x^{\sqrt{x}}$ (ii) $y = \left(\sin x\right)^x + x^{\sin x}$

(iii) $y=\log_{\cos x}\sin x$ **(iv)** $y=x^{x^x}$

সমাধান: (i) $y=x^{\sqrt{x}}$ এর উভয় পক্ষে log নিয়ে পাই,

$$\log y = log\left(x^{\sqrt{x}}\right)$$

$$\therefore \frac{1}{y}\frac{dy}{dx}=\sqrt{x}\frac{d}{dx}(\log x)+\log x\frac{d}{dx}(\sqrt{x})$$

$$\therefore \frac{1}{y}\frac{dy}{dx}=\sqrt{x}\cdot\frac{1}{x}+\log x\cdot\frac{1}{2\sqrt{x}}=\frac{1}{2\sqrt{x}}(2+\log x)$$

$$\therefore \frac{dy}{dx}=y\left[\frac{1}{2\sqrt{x}}(2+\log x)\right]=x^{\sqrt{x}}\left[\frac{1}{2\sqrt{x}}(2+\log x)\right]$$

(ii) $y=(\sin x)^x+x^{\sin x}$

ধরা যাক u=$(\sin x)^x$ এবং v= $x^{\sin x}$

$$\therefore \log u=\log(\sin x)^x = x\log(\sin x)$$

$$\therefore \frac{1}{u}\frac{du}{dx}=x\frac{d}{dx}\left[\log(\sin x)\right]+\log(\sin x)\frac{d}{dx}(x)$$

$$\therefore \frac{1}{u}\frac{du}{dx}=x\cdot\frac{1}{\sin x}\cdot\cos x+\log(\sin x)\cdot 1 = x\cot x+\log(\sin x)$$

$$\therefore \frac{du}{dx}=u\left[x\cot x+\log(\sin x)\right]=(\sin x)^x\left[x\cot x+\log(\sin x)\right]$$

এবং v= $x^{\sin x}$

$$\therefore \log v=\log(x)^{\sin x}=\sin x\log(x)$$

$$\therefore \frac{1}{v}\frac{dv}{dx}=\sin x\frac{d}{dx}(\log x)+\log x\frac{d}{dx}(\sin x)$$

$$\therefore \frac{1}{v}\frac{dv}{dx} = \sin x \cdot \frac{1}{x} + \log x \cdot \cos x = \frac{\sin x}{x} + \cos x \log x$$

$$\therefore \frac{dv}{dx} = v\left[\frac{\sin x}{x} + \cos x \log x\right] = x^{\sin x}\left[\frac{\sin x}{x} + \cos x \log x\right]$$

$$\therefore \frac{dy}{dx} = \frac{du}{dx} + \frac{dv}{dx} = (\sin x)^x\left[x\cot x + \log(\sin x)\right] + x^{\sin x}\left[\frac{\sin x}{x} + \cos x \log x\right]$$

(iii) $y = \log_{\cos x} \sin x$

যেখানে $y = \log_{\cos x} \sin x \quad \therefore y = \frac{\log_e \sin x}{\log_e \cos x}$

ধরা যাক এখন $u = \log_e \sin x \;\; and \qquad v = \log_e \cos x$

$$\therefore \frac{du}{dx} = \frac{1}{\sin x} \cdot \cos x = \cot x \qquad \text{এবং} \qquad \frac{dv}{dx} = \frac{1}{\cos x} \cdot (-\sin x) = -\tan x$$

$$\therefore y = \frac{u}{v} \quad \text{এবং} \quad \frac{dy}{dx} = \frac{v\frac{du}{dx} - u\frac{dv}{dx}}{v^2}$$

$$\therefore \frac{dy}{dx} = \frac{(\log_e \cos x)(\cot x) - (\log_e \sin x)(-\tan x)}{(\log_e \cos x)^2}$$

$$\therefore \frac{dy}{dx} = \frac{\cot x \log_e \cos x + \tan x \log_e \sin x}{(\log_e \cos x)^2}$$

(iv) $y = x^{x^x}$

$$\therefore \log y = \log x^{x^x} = x^x \log x$$

এখন, ধরা যাক $= x^x \qquad \therefore \frac{d}{dx}x^x = \frac{du}{dx}$

$$\log u = \log x^x = x \log x$$

$$\therefore \frac{1}{u}\frac{du}{dx} = x\frac{d}{dx}(\log x) + \log x \frac{d}{dx}(x)$$

$$\therefore \frac{1}{u}\frac{du}{dx} = x\cdot\frac{1}{x} + \log x = 1 + \log x$$

$$\therefore \frac{du}{dx} = u(1+\log x) = x^x(1+\log x)$$

$$\therefore \frac{1}{y}\frac{dy}{dx} = x^x\frac{d}{dx}\log x + \log x\frac{d}{dx}x^x$$

$$\therefore \frac{1}{y}\frac{dy}{dx} = x^x\cdot\frac{1}{x} + x^x\log x(1+\log x)$$

$$\therefore \frac{dy}{dx} = yx^x\left[\frac{1}{x} + \log x(1+\log x)\right] = x^{x^x}\cdot x^x\left[\frac{1}{x} + \log x(1+\log x)\right]$$

প্রয়োগ (বাস্তব জীবন ও শিল্পে)

সিভিল ইঞ্জিনিয়ারিং এবং টপোগ্রাফিতে অন্তরকলন ব্যবহার

উদাহরণ-1: একটি রাস্তার অনুভূমিক দূরত্ব x বরাবর এগিয়ে যাওয়ার সাথে সাথে $p(x)$ একটি অপেক্ষক যা রাস্তার উচ্চতা বা একটি পাদদেশ হতে উচ্চতা নির্ধারণ করে। দূরত্বের সাপেক্ষে $p(x)$ অপেক্ষকের অন্তরকলন যা $p(x)$ দ্বারা চিহ্নিত হয় রাস্তার গ্রেডিয়েন্ট বা নতি নির্দেশ করে।

নিউটনের পদ্ধতিতে অন্তরকলন ব্যবহার

উদাহরণ-2: বীজগণিত ব্যবহার করে সমাধান করা যায় না এমন সমীকরণ এর জন্য ব্যবহার করা হয়।

বক্রগতিতে অন্তরকলন ব্যবহার

উদাহরণ-3: একটি বক্ররেখায় চলমান বস্তুর বেগ এবং ত্বরণ খুঁজে পাওয়ার জন্য উপযোগী।

অন্তরকলন ব্যবহার করে লেখচিত্র অঙ্কন

উদাহরণ-4: চলো রাশিগুলোর আচরণ নির্ধারণ করতে।

সর্বোচ্চ এবং সর্বনিম্ন মান নির্ণয়ের জন্য অন্তরকলন ব্যবহার

উদাহরণ-5: সর্বাধিক (বা সর্বনিম্ন) হওয়ার শর্তটি সন্ধান করা, যদি আমরা ব্যয় হ্রাস বা মুনাফা বাড়ানোর সাথে সম্পর্কিত সমস্যাগুলি দেখতে চাই।

মেকানিক্যাল ইঞ্জিনিয়ারিং এ অন্তরকলন ব্যবহার

উদাহরণ-6 : ধর, t সময়ে একটি ইঞ্জিন দ্বারা উৎপাদিত শক্তির মোট পরিমাণ $R(t)$। সময়ের সাপেক্ষে $R(x)$ অপেক্ষকের অন্তরকলন যা $R(x)$ দ্বারা চিহ্নিত হয় ইঞ্জিনের ক্ষমতা নির্দেশ করে ।

জীববিজ্ঞান এ অন্তরকলন ব্যবহার

উদাহরণ-7: জীববিজ্ঞানীরা ব্যাকটেরিয়ার বৃদ্ধির হার পরিমাপ করতে **অন্তরকলন** ব্যবহার করেন।

অর্থনীতিতে অন্তরকলন ব্যবহার

উদাহরণ-8:সামষ্টিক অর্থনীতিতে, সময়ের সাথে সম্পর্কিত একটি অর্থনীতির জিডিপি পরিবর্তনের হার অর্থনৈতিক প্রবৃদ্ধির হার হিসাবে পরিচিত। এটি প্রায়শই অর্থনীতিবিদরা বৃদ্ধির পরিমাপ হিসাবে ব্যবহার করেন।

কম্পিউটার বীজগণিত সিস্টেম এ অন্তরকলন ব্যবহার

উদাহরণ-9: অন্তরকলন "ম্যাপেল" এবং "ম্যাথমেটিকা" তে ব্যাপকহারে ব্যবহৃত হয় এবং বিজ্ঞান বিষয়ে পড়াশোনা করা ছাত্র-ছাত্রীদের জন্য এটি খুব সহায়ক।

ঘর্ষণ শক্তি নির্ধারণ এ অন্তরকলন ব্যবহার

উদাহরণ-10: যান্ত্রিক প্রকৌশলী যখন ঘর্ষণশক্তি নির্ধারণ করতে কোন জটিল বস্তুর পৃষ্ঠ ক্ষেত্রফল গণনা করে তখন অন্তরকলন ব্যবহার করতে হয়।

জ্যোতির্বিজ্ঞান এ অন্তরকলন ব্যবহার

উদাহরণ11: গ্রহ্ গতির নিয়মের উপর ভিত্তি করে,জ্যোতির্বিজ্ঞানীরা গ্রহের বিভিন্ন গতি অধ্যয়নের জন্য অন্তরকলন ব্যবহার করেন।

নিউরোলজিতে অন্তরকলন ব্যবহার

উদাহরণ-12: স্নায়ুরোগ বিশেষজ্ঞ সময়ের সাথে সম্পর্কিত নিউরনে ভোল্টেজের পরিবর্তন গণনা করতে ডিফারেনশিয়াল অন্তরকলন ব্যবহার করেন।

এপিডেমিওলজিতে অন্তরকলন ব্যবহার

উদাহরণ-13: কোন রোগ কত দূর এবং কত দ্রুত ছড়িয়ে পড়তে পারে তা নির্ধারণ করতে, এপিডেমিওলজিস্টরা, সংক্রামক রোগের বিস্তার অধ্যয়নের জন্য অন্তরকলন ব্যবহার করেন।

অপটিমাইজেশন সমস্যাতে অন্তরকলন ব্যবহার

উদাহরণ-14: এই ধারণাটি ব্যবহার করে কেউ গাড়ির গতি নির্ধারণ করতে পারে যাতে সবচেয়ে কম পরিমাণ জ্বালানি ব্যবহার করে বেশি দূরত্ব যাওয়া যায়।

ইউনটিরে সারাংশ

এই ইউনিটের প্রথম পর্বে অন্তরকলন এর সংজ্ঞা ব্যবহার করে কিভাবে অন্তরকলন বের করতে হয় তা নির্ণয় করা হয়েছে, গড় পরিবর্তনের হার এবং তাৎক্ষণিক পরিবর্তনের হার নিয়ে আলোচনা করা হয়েছে। দ্বিতীয় পর্বে অন্তরকলজের ধর্ম নিয়ে আলোচনা করা হয়েছে। এই সাধারণ ধর্ম গুলি অবকলন সমস্যাগুলোকে সাধারণ মৌলিক সূত্রগুলিতে রূপান্তর করার জন্য খুব উপযোগী। গাণিতিক বিভিন্ন প্রয়োগে শৃংখল নিয়ম খুবই উপযোগী। তৃতীয় পর্ব ত্রিকোণমিতিক এবং বিপরীত বৃত্তীয় অপেক্ষক

এর অন্তরকলন দিয়ে শুরু হয় এবং লগারিদমিক এবং সূচকীয় অপেক্ষকের অন্তরকলন নিয়েও আলোচনা করে। প্রতিটি বিষয় সংশোধিত ব্লুমের ট্যাক্সোনোমি অনুযায়ী অসুবিধার ক্রমবর্ধমান স্তর অনুযায়ী প্রচুর উদাহরণ সহযোগে করা হয়েছে। অনুশীলনের জন্য যে সমস্ত প্রশ্ন গুলো দেওয়া হয়েছে তা অনুরূপ ক্রমানুযায়ী দেওয়া হয়েছে। নতুন উদাহরণগুলি দেওয়া হয়েছে অন্তরকলনের ধারণা শক্তিশালী করার জন্য , যাতে শিক্ষার্থীদের একটি বিশ্লেষণাত্মক সরঞ্জাম হিসাবে অন্তরকলনের সঙ্গে কিছু পরিচিতি হয়, একটি সূত্র মুখস্থ করার পরিবর্তে গাণিতিক সমীকরণ এর ধারনা বেশি কার্যকরী এবং এগুলি অ্যাপ্লিকেশনের মডেল হিসাবে কাজ করতে পারে। একটি আকর্ষণীয় সত্য হিসাবে কিছু উন্মুক্ত প্রশ্ন দেওয়া হল এই মৌখিক প্রশ্নগুলি মূল শর্তাবলী এবং ধারণাগুলির ধারণা মূল্যায়নে সহায়তা করবে। অন্যদিকে, বীজগণিতের সমস্যাগুলি শিক্ষার্থীদের বীজগাণিতিক সূত্রের যথাযথ প্রয়োগ করতে শেখায়। লেখচিত্র সম্পর্কিত সমস্যাগুলি শিক্ষার্থীদের লেখচিত্র বিশ্লেষণ এবং লেখচিত্র অঙ্কন এর দক্ষতা পরিমাপ করতে সহায়তা করে। শিক্ষার্থীরা গণনা করতে জানলে সংখ্যাসূচক সমস্যার সমাধান করতে পারবে। বাস্তব-জীবনের বিভিন্ন সমস্যার সমাধানে এগুলির প্রয়োগ আমরা দেখতে পাই।

অনুশীলনী

সঠিক উত্তর নির্বাচন ধর্মী প্রশ্ন

1. $\frac{d}{dx}\log(\log x) = ?$

(a) $\frac{x}{\log x}$ (b) $\frac{\log x}{x}$

(c) $(x\log x)^{-1}$ (d) **কোনটাই নয়**

2. $\frac{d}{dx}\left(\sqrt{x}-\frac{1}{\sqrt{x}}\right)^2 = ?$

(a) $1-\frac{1}{x^2}$ (b) $1+\frac{1}{x^2}$

(c) $1-\frac{1}{2x}$ (d) **কোনটাই নয়**

3. **যদি** $y = x+\frac{1}{x}$ হয়, তাহলে

(a) $x^2\frac{dy}{dx}+xy=0$ (b) $x^2\frac{dy}{dx}+xy+2=0$

(c) $x^2\frac{dy}{dx}-xy+2x^2=0$ (d) **কোনটাই নয়**

4. $\dfrac{d}{dx}\left(\dfrac{1}{x^4 \sec x}\right) = ?$

(a) $\dfrac{x\sin x + 4\cos x}{x^5}$ (b) $\dfrac{-(x\sin x + 4\cos x)}{x^5}$

(c) $\dfrac{4\cos x - x\sin x}{x^5}$ (d) কোনটাই নয়

5. যদি $y = x\sin x$ হয়, তাহলে

(a) $\dfrac{1}{y}\dfrac{dy}{dx} = \dfrac{1}{x} + \cot x$ (b) $\dfrac{dy}{dx} = \dfrac{1}{x} + \cot x$

(c) $\dfrac{1}{y}\dfrac{dy}{dx} = \dfrac{1}{x} - \cot x$ (d) কোনটাই নয়

6. $\dfrac{d}{dx}(x^2 e^x \sin x) = ?$

(a) $xe^x(2\sin x + x\sin x + x\cos x)$

(b) $xe^x(2\sin x + x\sin x - \cos x)$

(c) $xe^x(2\sin x + x\sin x + \cos x)$

(d) কোনটাই নয়

7. $\dfrac{d}{dx}\left[\tan^{-1}\left(\dfrac{\cos x}{1+\sin x}\right)\right] = ?$

(a) $-\dfrac{1}{2}$ (b) $\dfrac{1}{2}$

(c) -1 (d) 1

8. $\dfrac{d}{dx}[\cos(1-x^2)^2] = ?$

(a) $-2x(1-x^2)\sin(1-x^2)^2$ (b) $-4x(1-x^2)\sin(1-x^2)^2$

(c) $4x(1-x^2)\sin(1-x^2)^2$ (d) $-2(1-x^2)\sin(1-x^2)^2$

9. $\dfrac{d}{dx}\left(x^2 \sin\dfrac{1}{x}\right) = ?$

(a) $\cos\left(\frac{1}{x}\right)+2x\sin\left(\frac{1}{x}\right)$ (b) $2x\sin\left(\frac{1}{x}\right)-\cos\left(\frac{1}{x}\right)$

(c) $\cos\left(\frac{1}{x}\right)-2x\sin\left(\frac{1}{x}\right)$ (d) কোনটাই নয়

10. যদি $y=\cos(\sin x^2)$ হয়, তাহলে $x=\sqrt{\frac{\pi}{2}}$ মানের জন্য, $\frac{dy}{dx}=?$

(a) -2 (b) 2

(c) $-2\sqrt{\frac{\pi}{2}}$ (d) 0

11. $a^x+\log x.\sin x$ এর অবকলন সহগ হয়

(a) $a^x\log_e a+\frac{\sin x}{x}+\log x.\cos x$

(b) $a^x+\frac{\sin x}{x}+\cos x.\log x$

(c) $a^x\log a+\frac{\cos x}{x}+\sin x.\log x.$

(d) কোনটাই নয়

12. $\frac{d}{dx}\tan^{-1}\left(\frac{ax-b}{bx+a}\right)=?$

(a) $\frac{1}{1+x^2}-\frac{a^2}{a^2+b^2}$ (b) $\frac{-1}{1+x^2}-\frac{a^2}{a^2+b^2}$

(c) $\frac{1}{1+x^2}+\frac{a^2}{a^2+b^2}$ (d) কোনটাই নয়

13. $\frac{d}{dx}\left(\tan^{-1}\sqrt{\frac{1+\cos\frac{x}{2}}{1-\cos\frac{x}{2}}}\right)=?$

(a) $-\frac{1}{4}$ (b) $\frac{1}{2}$

(c) $-\frac{1}{2}$ (d) $\frac{1}{4}$

14. $\frac{d}{dx}\sqrt{\frac{1-\sin 2x}{1+\sin 2x}} = ?$

(a) $\sec^2 x$ (b) $-\sec^2\left(\frac{\pi}{4}-x\right)$

(c) $\sec^2\left(\frac{\pi}{4}+x\right)$ (d) $\sec^2\left(\frac{\pi}{4}-x\right)$

15. যদি $y=\sqrt{(1-x)(1+x)}$ হয়, তাহলে

(a) $(1-x^2)\frac{dy}{dx}-xy=0$ (b) $(1-x^2)\frac{dy}{dx}+xy=0$

(c) $(1-x^2)\frac{dy}{dx}-2xy=0$ (d) $(1-x^2)\frac{dy}{dx}+2xy=0$

16. $\frac{d}{dx}\left(\frac{\cot^2 x-1}{\cot^2 x+1}\right)=?$

(a) $-\sin 2x$ (b) $2\sin 2x$

(c) $2\cos 2x$ (d) $-2\sin 2x$

17. $\frac{d}{dx}[\sin^n x\cos nx]=?$

(a) $n\sin^{n-1}x\cos(n+1)x$ (b) $n\sin^{n-1}x\cos nx$

(c) $n\sin^{n-1}x\cos(n-1)x$ (d) $n\sin^{n-1}x\sin(n+1)x$

18. যদি $f(x)=\log_x(\log x)$ হয়, তাহলে $f'(x)=?$ at $x=e.$ is

(a) e (b) $\frac{1}{e}$

(c) 1 (d) কোনটাই নয়

19. যদি $y=\log\left(\frac{1+x}{1-x}\right)^{1/4}-\frac{1}{2}\tan^{-1}x$ হয়, তাহলে $\frac{dy}{dx}=?$

(a) $\frac{x^2}{1-x^4}$ (b) $\frac{2x^2}{1-x^4}$

(c) $\frac{x^2}{2(1-x^4)}$ (d) কোনটাই নয়

20. যদি $y=\log\frac{1+\sqrt{x}}{1-\sqrt{x}}$ হয়, তাহলে $\frac{dy}{dx}=?$

(a) $\frac{\sqrt{x}}{1-x}$ (b) $\frac{1}{\sqrt{x}(1-x)}$

(c) $\frac{\sqrt{x}}{1+x}$ (d) $\frac{1}{\sqrt{x}(1+x)}$

21. $\frac{d}{dx}e^{x+3\log x}=?$

(a) $e^x.x^2(x+3)$ (b) $e^x.x(x+3)$

(c) $e^x+\frac{3}{x}$ (d) কোনটাই নয়

22. $\frac{d}{dx}\sqrt{\frac{1+\cos 2x}{1-\cos 2x}}=?$

(a) $\sec^2 x$ (b) $-\text{cosec}^2 x$

(c) $2\sec^2\frac{x}{2}$ (d) $-2\text{cosec}^2\frac{x}{2}$

23. $\frac{d}{dx}\log\tan\left(\frac{\pi}{4}+\frac{x}{2}\right)=?$

(a) $\text{cosec}\, x$ (b) $-\text{cosec}\, x$

(c) $\sec x$ (d) $-\sec x$

24. $\frac{d}{dx}\log(\sqrt{x-a}+\sqrt{x-b})=?$

(a) $\frac{1}{2[\sqrt{(x-a)}+\sqrt{(x-b)}]}$ (b) $\frac{1}{2\sqrt{(x-a)(x-b)}}$

(c) $\frac{1}{\sqrt{(x-a)(x-b)}}$ (d) কোনটাই নয়

25. যদি $y=\sin[\cos(\sin x)]$, হয়, তাহলে $\frac{dy}{dx}=?$

(a) $-\cos[\cos(\sin x)]\sin(\cos x).\cos x$

(b) $-\cos[\cos(\sin x)]\sin(\sin x).\cos x$

(c) $\cos[\cos(\sin x)]\sin(\cos x).\cos x$

(d) $\cos[\cos(\sin x)]\sin(\sin x).\cos x$

26. যদি $y = \sin^{-1}\sqrt{\sin x}$ হয়, তাহলে $\frac{dy}{dx} = ?$

(a) $\frac{2\sqrt{\sin x}}{\sqrt{1+\sin x}}$ (b) $\frac{\sqrt{\sin x}}{\sqrt{1-\sin x}}$

(c) $\frac{1}{2}\sqrt{1+\cos ec\, x}$ (d) $\frac{1}{2}\sqrt{1-\cos ec\, x}$

27. যদি y = log (cosec x – cot x) হয়, তাহলে $\frac{dy}{dx} = ?$

(a) cosec x + cot x (b) cot x

(c) sec x + tan x (d) cosec x

28. যদি y = log (sinx) হয়, তাহলে $\frac{dy}{dx} = ?$

(a) cot x (b) tan x

(c) sec x (d) cosec x

29. যদি y = sin(logx) হয়, তাহলে $\frac{dy}{dx} = ?$

(a) cos(logx) (b) $\frac{1}{sinx}$

(c) $\frac{\cos(logx)}{x}$ (d) cosec(logx)

30. যদি $y = 3\sqrt[3]{cosx}$ হয়, তাহলে $\frac{dy}{dx} = ?$

(a) $3\sqrt[3]{sinx}$ (b) $\frac{1}{2\sqrt[3]{cosx}}$

(c) $-3\sqrt[3]{sinx}$ (d) $\frac{-sinx}{\sqrt[3]{cos^2 x}}$

সঠিক উত্তর নির্বাচন ধর্মী প্রশ্নের উত্তর									
1.	c	**2.**	a	**3.**	c	**4.**	b	**5.**	a
6.	a	**7.**	a	**8.**	c	**9.**	b	**10.**	d
11.	a	**12.**	d	**13.**	a	**14.**	b	**15.**	b
16.	d	**17.**	a	**18.**	b	**19.**	a	**20.**	b
21.	a	**22.**	b	**23.**	c	**24.**	b	**25.**	b
26.	c	**27.**	d	**28.**	a	**29.**	c	**30.**	d

বিষয় ভিত্তিক সংক্ষিপ্ত এবং রচনাধর্মী প্রশ্ন

Q.1 **সংজ্ঞার মাধ্যমে নিচের অপেক্ষক গুলির অবকলন নির্ণয় কর:**

(i) $y = x^2 + 2x - 3$ (ii) $y = \cos 2x$ (iii) $y = \log(x+1)$

(iv) $y = \dfrac{1}{2x+3}$ (v) $y = e^{3x+2}$ (vi) $y = \tan x$

Q.2 **নিচের অপেক্ষক গুলির অবকলন নির্ণয় করো:**

(i) $y = \sqrt{x} - \dfrac{1}{\sqrt{x}}$ (ii) $y = \dfrac{4x^3 - 3x + 7}{x}$ (iii) $y = \dfrac{(x^2+1)(x-1)}{x\sqrt{x}}$

(iv) $y = 2x^3 - \dfrac{1}{\sqrt{x}} + 2^x$ (v) $y = (3x^2 - 2x + 5)^2$ (vi) $y = \log_e x^3 + 3e^x - 12$

Q.3 **নিচের অপেক্ষক গুলির অবকলন নির্ণয় করো:**

(i) $y = (2 + 3\sin x)(3 + 2\cos x)$ (ii) $y = x\tan x(x^2+1)$ (iii) $y = \cos ecx \cot x$

(iv) $y = x\sin^{-1} x$ (v) $y = e^x \tan^{-1} x$ (vi) $y = e^x x^2 2^x$

Q.4 **নিচের অপেক্ষক গুলির অবকলন নির্ণয় করো:**

(i) $y = \dfrac{px^2 + qx + r}{ax^2 + bx + c}$ (ii) $y = \dfrac{\sin x}{1 + \cos x}$ (iii) $y = \dfrac{\tan x}{\sec x + \tan x}$

(iv) $y = \dfrac{x^2 - a^2}{x^2 + a^2}$ (v) $y = \dfrac{\sin x}{x}$ (vi) $y = \dfrac{e^x \tan x}{x}$

Q.5 x এর সাপেক্ষে $y = \dfrac{x^2 - 3x + 7}{x^2 - 5}$ **অপেক্ষক** এর অবকলন নির্ণয় করো এবং $\left(\dfrac{dy}{dx}\right)_{x=1}$ এর মান নির্ণয় কর।

Q.6 যদি $y=\dfrac{x}{1+x}, x\neq -1$ হয়, তাহলে প্রমাণ করো $x^2\dfrac{dy}{dx}=y^2$.

Q.7 **নিচের অপেক্ষক গুলির** x এর সাপেক্ষে **অবকলন নির্ণয় করো:**

(i) $y=\tan^3 x+\tan x^3$ (ii) $y=\sqrt{\dfrac{1-x}{1+x}}$ (iii) $y=\log\left(x+\sqrt{x^2+a^2}\right)$

Q.8 নিচের অপেক্ষক গুলির x এর সাপেক্ষে অবকলন নির্ণয় করো.

(i) $y=e^{2x}\sin 3x$ (ii) $y=2^x\log\cos x$ (iii) $y=\log\left[\log(\sin 2x)\right]$

(iv) $y=e^{m\tan^{-1}x}$ (v) $y=\left(3x^3+2x^2-x-11\right)^5$ (vi) $y=\sin\left[\log(\cos 2x)\right]$

Q.9 **নিচের অপেক্ষক গুলির** x এর সাপেক্ষে **অবকলন নির্ণয় করো:**

(i) $y=(\sin x)^{\tan x}$ (ii) $(\cos x)^y=(\sin y)^x$ (iii) $y=\dfrac{x+1}{(x-3)(x+2)}$

(iv) $y=(x)^{\sqrt{x}}+\left(\sqrt{x}\right)^x$ (v) $y=x^{x^{\sqrt{x}}}$ (vi) $x^y=e^{x+y}$

Q.10 **নিচের অপেক্ষক গুলির** x এর সাপেক্ষে **অবকলন নির্ণয় করো:**

(i) $y=\cos^{-1}\left(\dfrac{x}{x+1}\right)$ (ii) $y=\tan^{-1}\left(\dfrac{\sin 3\theta-\sin\theta}{\cos 3\theta+\cos\theta}\right)$ (iii) $y=\tan^{-1}\left(\dfrac{3x-x^3}{1-3x^2}\right)$

(iv) $y=\tan^{-1}\left[\sqrt{\dfrac{1-\cos x}{1+\cos x}}\right]$ (v) $y=\cos^{-1}\left[\sin\left(\dfrac{5\pi}{2}+\dfrac{x^2+1}{x^2-1}\right)\right]$ (vi) $y=\cos^{-1}\left(2x^2-1\right)$

Q.11 **নিচের অপেক্ষক গুলির** x এর সাপেক্ষে **অবকলন নির্ণয় করো:**

(i) $x=at^2, y=2at \qquad t\in R$

(ii) $x=a\sec\theta, y=b\tan\theta$ where $\theta\neq(2k+1)\dfrac{\pi}{2}, k\in Z$

(iii) $x=2\cos t-\cos 2t, y=2\sin t-\sin 2t,\ t\in R$

Q.12 **নিচের অপেক্ষক গুলির** x এর সাপেক্ষে **অবকলন নির্ণয় করো:**

(i) $x^3+y^3=3xy$ (ii) $y=\sin(x+y)$ (iii) $x\sin y+y\sin x=11$

সংক্ষিপ্ত এবং রচনাধর্মী প্রশ্নের উত্তর

Q.1 (i) $2x+2$ (ii) $-2\sin 2x$ (iii) $\frac{1}{x+1}$

(iv) $\frac{-2}{(2x+3)^2}$ (v) $3e^{3x+2}$ (vi) $\sec^2 x$

Q.2 (i) $\frac{1}{2}\left(x^{\frac{-1}{2}}+x^{\frac{-3}{2}}\right)$ (ii) $8x-\frac{7}{x^2}$ (iii) $\frac{1}{2}\left(3x^{\frac{1}{2}}-x^{\frac{-1}{2}}-x^{\frac{-3}{2}}+3x^{\frac{-5}{2}}\right)$

(iv) $6x^2+\frac{1}{2}x^{\frac{-3}{2}}+2^x\log 2$ (v) $2\left(18x^3-18x^2+34x-10\right)$ (vi) $3\left(\frac{1}{x}+e^x\right)$

Q.3 (i) $9\cos x-4\sin x+6\cos 2x$ (ii) $(x^3+x)\sec^2 x+(3x^2+1)\tan x$

(iii) $\frac{-(1+\cos^2 x)}{\sin^3 x}$ (iv) $\frac{x}{\sqrt{1-x^2}}+\sin^{-1}x$

(iv) $e^x\left(\frac{1}{1+x^2}+\tan^{-1}x\right)$ (vi) $xe^x2^x\left(x\log 2+x+2\right)$

Q.4 (i) $\frac{(pb-qa)x^2+2(pc-ra)x+(qc-rb)}{\left(ax^2+bx+c\right)^2}$ (ii) $\frac{1}{1+\cos x}$

(iii) $\frac{\sec x}{(\sec x+\tan x)^2}$ (iv) $\frac{4xa^2}{\left(x^2+a^2\right)^2}$

(iv) $\frac{x\cos x-\sin x}{x^2}$ (vi) $\frac{e^x}{x^2}\left[x\sec^2 x+(x-1)\tan x\right]$

Q.5 $\frac{3x^2-24x+15}{\left(x^2-5\right)^2},-\frac{3}{8}$

Q.7 (i) $3\left[\tan^2 x\sec^2 x+x^2\sec^2\left(x^3\right)\right]$ (ii) $\dfrac{-1}{\left(\sqrt{1-x^2}\right)(1+x)}$

(iii) $\dfrac{1}{\sqrt{x^2+a^2}}$

Q.8 (i) $e^{2x}(3\cos 3x+2\sin 3x)$ (ii) $2^x(\log 2\cdot\log\cos x-\tan x)$

(iii) $\dfrac{2\cot 2x}{\log(\sin 2x)}$ (iv) $\dfrac{m}{1+x^2}e^{m\tan^{-1}x}$

(iv) $5(9x^2+4x-1)(3x^3+2x^2-x-11)^4$ (vi) $-2\tan 2x\cdot\cos\left[\log\left(\cos 2x\right)\right]$

Q.9 (i) $(\sin x)^{\tan x}\left[1+\sec^2 x\log\sin x\right]$ (ii) $\dfrac{\log(\sin y)+y\tan x}{\log(\cos x)-x\cot y}$

(iii) $\dfrac{-\left(x^2+2x+5\right)}{(x-3)^2(x+2)^2}$ (iv) $\dfrac{x^{\sqrt{x}}}{2\sqrt{x}}(2+\log x)+\dfrac{\left(\sqrt{x}\right)^x}{2}\left(1+2\log\sqrt{x}\right)$

(iv) $x^{x^{\sqrt{x}}}x^{\sqrt{x}}\left(\dfrac{1}{x}+\dfrac{\log x(2+\log x)}{2\sqrt{x}}\right)$ (vi) $\dfrac{x-y}{x(\log x-1)}$

Q.10 (i) $\dfrac{1}{(x+1)\sqrt{2x+1}}$ (ii) 0 (iii) $\dfrac{3}{1+x^2}$

(iv) $\dfrac{1}{2}$ (v) $\dfrac{-4x}{\left(x^2-1\right)^2}$ (vi) $\dfrac{2}{\sqrt{1-x^2}}$

Q.11 (i) $\dfrac{1}{t}$ (ii) $\dfrac{b}{a}\operatorname{cosec}\theta$ (iii) $\tan\left(\dfrac{3t}{2}\right)$

Q.12 (i) $\dfrac{y-x^2}{y^2-x}$ (ii) $\dfrac{\cos(x+y)}{1-\cos(x+y)}$ (iii) $-\dfrac{\sin y+y\cos x}{\sin x+x\cos y}$

আরও জানো

- ❑ অবকলন বিদ্যার উন্নয়নের ইতিহাস।
- ❑ কেন অবকলন বিদ্যার অধ্যয়ন প্রয়োজন?
- ❑ আমাদের দৈনন্দিন জীবনে ক্যালকুলাস কীভাবে ব্যবহৃত হয়।
- ❑ সীমা এবং অবকলন
- ❑ একটি অপেক্ষকের কোন এক স্পর্শকের নতি.
- ❑ পরিবর্তনের তাৎক্ষণিক হার হিসাবে অবকলন এর ব্যবহার
- ❑ বহুপদী অপেক্ষকের অবকলন
- ❑ উচ্চ ঘাত এর অবকলন
- ❑ আংশিক অবকলন
- ❑ কেন গাণিতিক চিন্তা দৈনন্দিন জীবনে মূল্যবান
- ❑ অনলাইন টিচিং-এ স্থানান্তরীকরণ।
- ❑ অবকলন শেখার সবচেয়ে সহজ উপায়।
- ❑ কেন অবকলন বিদ্যার উদ্ভাবন করা হয়েছিল?
- ❑ অবকলন বিদ্যা স্বজ্ঞাত ভাবে শেখা।
- ❑ অবকলন কম জটিল করে সমাধান করা।
- ❑ শিক্ষকদের জন্য অনলাইন শিক্ষা সরঞ্জাম।
- ❑ একটি সমস্যাকে পুঙ্খানুপুঙ্খভাবে চিন্তাভাবনা করা শেখানো
- ❑ স্টেম এডুকেশন।

ছোট প্রকল্প:

i. একটি অপেক্ষকের লেখচিত্র অঙ্কন করার জন্য এবং বিভিন্ন বিন্দুতে এর অন্তরকলন নির্ধারণের জন্য "জিও জেব্রা" ব্যবহার কর যা ইঞ্জিনিয়ারিং-এর বিভিন্ন ক্ষেত্রে প্রয়োগ করা হয়।

ii. বাস্তব বিশ্বের বিভিন্ন সমস্যা সমাধানের জন্য অন্তরকলন এর প্রয়োগের ওপর ভিত্তি করে সমস্যার সেট সংগ্রহ কর।

অনুসন্ধিৎসা এবং আগ্রহ সৃষ্টিকারী বিষয়

i. একটি সংস্থায়,কীভাবে মুনাফা সর্বাধিক করা যেতে পারে বা আমরা কীভাবে ব্যয় হ্রাস করতে পারি?

ii. আমরা কীভাবে একটি নির্দিষ্ট বস্তু তৈরি করতে সর্বনিম্ন পরিমাণ উপাদান ব্যবহার করব?

iii. একটি গাড়ি চক্রাকারে চালানোর সময় পিছলে যাওয়ার সম্ভাবনা কতটা?

iv. একটি অপেক্ষক যেটি বহুপদী নয় তার একাধিক রুট থাকলে কি ঘটে?

v. কীভাবে সেরা স্টকগুলি বেছে নেওয়া যায়?

vi. প্রদত্ত সমীকরণটি রৈখিক অপেক্ষক না একটি অরৈখিক অপেক্ষক আমরা কী ভাবে নির্ধারণ করব?

vii. একটি অপেক্ষক যা একটি বিন্দুতে সংজ্ঞায়িত নয়, অপেক্ষকটি সেই বিন্দুতে অন্তরকলন যোগ্য হবে কিনা?

viii. দুটি ইতি বাচক সংখ্যার যোগফল 40। একটি সংখ্যা অন্যটির বর্গ দ্বারা গুণিত হয়। সংশ্লিষ্ট সংখ্যা দুটি কত হলে গুণফল সর্বাধিক হবে?

ix. কী ভাবে প্রতি মুহূর্তে কোন কিছুর অবস্থান সঠিক ভাবে পরিমাপ করা সম্ভব?

x. একটি গ্রাফের স্পর্শক সম্পর্কে কোনও বিবৃতি কি ভাবে একটি অন্তরকলনের সঙ্গে সম্পর্কযুক্ত?

উপরোক্ত প্রশ্নগুলি ছাড়াও, অন্তরকলন জটিল এবং অনিয়মিত আকারের ক্ষেত্র পরিমাপ করতে, জরিপ তথ্য অনুমান করতে, যানবাহনের সুরক্ষা, ক্রেডিট কার্ড ব্যবহারের রেকর্ড ইত্যাদি তে ব্যবহৃত হয়।

রেফারেন্স এবং প্রস্তাবিত রিডিং

1. E. Krezig, Advanced Engineering Mathematics, 10th Edition, Wiley, 2015.
2. H. K. Das, Advanced Engineering Mathematics, S. Chand & Co, New Delhi, 2007.
3. B. S. Grewal,Higher Engineering Mathematics,Khanna Publication, New Delhi ,2015.
4. S. S. Sastry,Engineering Mathematics, Volume 1, PHI Learning, New Delhi, 2009.
5. Alan Jeffrey, Advanced Engineering Mathematics, Harcourt/Academic Press, 2002, USA.
6. M.P. Trivedi and P.Y. Trivedi, Consider Dimension and Replace Pi, Notion Press, 2018.
7. www.scilab.org/ -SCI Lab
8. https://grafeq.en.downloadastro.com/- Graph Eq^n 2.13
9. https://www.geogebra.org- Geo Gebra
10. Thomas Jr, George B., Weir, Maurice D. and Hass, Joel R., Thomas' Calculus, 12th edition. Pearson 2014.
11. Thomas, G.B. and Finney, R.L., Calculus and Analytic Geometry, 9th Edition, Pearson, Reprint, 2002.
12. https://www.desmos.com/ Desmos
13. https://math.microsoft.com
14. https://nptel.ac.in/courses/111/105/111105121/

4 জটিল রাশি এবং আংশিক ভগ্নাংশ

ইউনিট বিশেষত্ব

এই ইউনিট বিস্তারিতভাবে নিম্নলিখিত বিষয়গুলি নিয়ে আলোচনা করে:

- একটি জটিল সংখ্যার বাস্তব এবং কাল্পনিক অংশের সংজ্ঞা;
- পোলার এবং কার্টেশিয়ান রূপ;
- একটি জটিল সংখ্যার প্রতিনিধিত্ব এবং এক রূপ থেকে অন্য রূপে রূপান্তর;
- একটি জটিল সংখ্যার সংমিশ্রণ, একটি জটিল সংখ্যার মডুলাস এবং প্রশস্ততা;
- জটিল সংখ্যার যোগ, বিয়োগ, গুণ এবং বিভাজন;
- ডি-মুভিয়ারের উপপাদ্য এবং এর প্রয়োগ;
- বহুপদী ভগ্নাংশের সংজ্ঞা, প্রকৃত এবং অপ্রকৃত ভগ্নাংশ;
- আংশিক ভগ্নাংশের সংজ্ঞা;
- বিভিন্ন ক্ষেত্রে প্রকৃত ভগ্নাংশকে আংশিক ভগ্নাংশে রূপান্তর;
- অপ্রকৃত ভগ্নাংশকে আংশিক ভগ্নাংশে রূপান্তর;

প্রয়োগ-ভিত্তিক সমস্যাগুলি আরও কৌতূহল এবং সৃজনশীলতা সৃষ্টির পাশাপাশি সমস্যা সমাধানের ক্ষমতা উন্নত করার জন্য আলোচনা করা হয়।

এই ইউনিটে ব্লুমের শ্রেণীবিন্যাসের নিম্ন এবং উচ্চতর স্তর অনুসারে সঠিক উত্তর নির্বাচন ধর্মী প্রশ্নের পাশাপাশি সংক্ষিপ্ত এবং রচনাধর্মী প্রশ্নগুলি দেওয়া হয়েছে এবং কিছু সংখ্যাসূচক সমস্যা, রেফারেন্সের একটি তালিকা এবং প্রস্তাবিত রিডিং দেওয়া হয়েছে যাতে শিক্ষার্থীরা অনুশীলনের মাধ্যমে নিজেদের দক্ষতা বৃদ্ধি করতে পারে।

বিষয়বস্তুর উপর ভিত্তি করে, "আরও জানো" বিভাগ যোগ করা হয়েছে। এই অংশটি ভেবেচিন্তে পরিকল্পনা করা হয়েছে যাতে এই অংশে প্রদত্ত সম্পূরক তথ্য বইটির ব্যবহারকারীদের জন্য উপকারী হয়। এই বিভাগটি প্রধানত **জটিল রাশি** অধ্যয়নের প্রয়োজনীয়তা, কিভাবে **জটিল রাশি** এবং আংশিক ভগ্নাংশ আমাদের দৈনন্দিন জীবনে ব্যবহার করা হয় সে সম্পর্কে কিছু মজার তথ্য, বাস্তব সংখ্যার সেট সম্প্রসারণের প্রয়োজনীয়তা, দৈনন্দিন জীবনে কেন গাণিতিক চিন্তাভাবনা মূল্যবান, **জটিল রাশি**র বীজগণিত শেখার সহজ উপায়, আংশিক ভগ্নাংশ স্বজ্ঞাতভাবে শেখা এবং এর গুরুত্ব নিরুপন করা ইত্যাদি শিক্ষণ এবং শেখার উপর আলোকপাত করে।

অন্যদিকে, এই ইউনিটের অন্তর্ভুক্ত প্রস্তাবিত মাইক্রো প্রকল্প এবং কিছু বুদ্ধিদীপ্ত প্রশ্ন বিষয়টির জন্য অনুসন্ধিৎসা এবং আগ্রহ তৈরি করে।

যৌক্তিকতা

জটিল সংখ্যা, গণিতের সবচেয়ে মার্জিত এবং আকর্ষণীয় বিষয়গুলির মধ্যে একটি। জটিল সংখ্যা, তাদের বীজগণিত এবং জ্যামিতি সবসময় গণিত এবং ফলিত গণিতের হাজার হাজার সমস্যার সমাধান করার একটি গুরুত্বপূর্ণ হাতিয়ার।প্রকৃতপক্ষে, জটিল রাশির কিছু বৈশিষ্ট্য প্রকৃত রাশি অপেক্ষা অনেক বেশি সহজ হয়। উদাহরণ স্বরূপ বহুপদী সমীকরণ সমাধানে এই জটিল রাশির গুরুত্ব অপরিসীম। জটিল সংখ্যার সংযোজন এবং গুণন যেকোন বৈদ্যুতিক সার্কিটের এর আচরণ বুঝতে সাহায্য করে। বৈদ্যুতিক প্রকৌশলীরা বৈদ্যুতিক পরিমাপ করতে এবং বৈদুতিক সার্কিটগুলি কীভাবে কাজ করে তা ব্যাখ্যা করতে জটিল সংখ্যা ব্যবহার করে। মেকানিক্যাল প্রকৌশলীরা ভবন এবং সেতু নির্মাণে ব্যবহৃত বিমের বিভিন্ন রকম চাপ বিশ্লেষণ করতে জটিল সংখ্যার অনুশীলন করে। ম্যাট্রিক্সের আইগেন ভ্যালিউ(eigen values) এবং আইগেন ভেক্টর(eigen vectors) এর সাহায্যে ইঞ্জিনিয়াররা সংখ্যাগতভাবে ভাবে বিমের বিভিন্ন রকম চাপ ব্যাখ্যা করে। এটি আমাদের কোন বস্তুর দোলন সম্পর্কে চিন্তা করার একটি নতুন দিগন্ত দেয়। জটিল সংখ্যার তাৎপর্য এবং ইউক্লিডের সমতল জ্যামিতিতে এর প্রয়োগ ভবিষ্যত প্রজন্মের শিক্ষকদের একটি শক্তিশালী বিশ্লেষণাত্মক ক্ষমতা প্রদান করে। অন্যদিকে, আংশিক ভগ্নাংশে কোন রাশিকে প্রকাশ করা হল একটি মূলদ রাশিকে সহজ যুক্তিসঙ্গত রাশিতে বিভক্ত করার প্রক্রিয়া, যা আমরা মূল রাশিতে যোগ বা বিয়োগের দ্বারা পেতে পারি। আংশিক ভগ্নাংশ জড়িত অবকলন যোগ্য অপেক্ষকের অবকলন মান বহু ক্ষেত্রে মূলদ রাশি হয়।

পূর্ব জ্ঞানের-প্রয়োজনীয়তা

- অপেক্ষক এবং তাদের লেখচিত্র।
- ত্রিকোণমিতিক অপেক্ষক।
- ত্রিকোণমিতিক পরিচয়।
- স্থানাঙ্ক জ্যামিতি।
- বীজগাণিতিক কৌশলগুলির সাথে পরিচিতি।
- প্রকৃত ভগ্নাংশ।
- অপ্রকৃত ভগ্নাংশ।
- প্রতিস্থাপন।

ইউনিট ফলাফল

U4-O1: জটিল সংখ্যার বীজগাণিতিক ক্রিয়াকলাপ সম্পাদন করা এবং একটি আরগান্ড ডায়াগ্রামে জটিল সংখ্যাগুলি চিহ্নিত করা।

U4-O2: প্রদত্ত সমস্যা সমাধানে জটিল সংখ্যা এবং তার বীজগণিতের পোলার ফর্ম $[r,\theta]$ রূপে রূপান্তর করা।

U4-O3: জটিল সংখ্যার এবং জটিল সমতলে তার অবস্থানের সম্পর্ককে ব্যাখ্যা করা।

U4-O4: প্রয়োগ-ভিত্তিক সমস্যার জন্য ডি-মুভিয়ারের এর উপপাদ্য ব্যবহার করা।

U4-O5: একটি বীজগাণিতিক ভগ্নাংশকে তার আংশিক ভগ্নাংশের সমষ্টি হিসাবে প্রকাশ করা।

কোর্স ফলাফলের সাথে ইউনিট ফলাফলের সমন্বয়। একটি নমুনা ম্যাট্রিক্স নীচে দেওয়া হল:

ইউনিট-4 ফলাফল	কোর্স ফলাফলের সাথে ইউনিট ফলাফলের সমন্বয় *(1- দুর্বল পারস্পরিক সম্পর্ক; 2- মাঝারি পারস্পরিক সম্পর্ক; 3- দৃঢ় পারস্পরিক সম্পর্ক)*						
	CO-1	CO-2	CO-3	CO-4	CO-5	CO-6	CO-7
U4-O1				1	1	1	3
U4-O2		1		1	2	1	3
U4-O3		1		3	1	1	2
U4-O4		1		2	1	1	3
U4-O5				2	2	1	

4.1 জটিল সংখ্যার সংজ্ঞা এবং বীজগণিত

4.1.1 জটিল সংখ্যার মৌলিক ধারণা

সংজ্ঞা: একটি রাশি বা সংখ্যাকে জটিল রাশি বলা হয় যদি সংখ্যাটি $x+iy$, আকারে লেখা যায় যেখানে $x, y \in R$ এবং $i=\sqrt{-1}$, কে বলা হয় 'iota'।

একটি জটিল রাশি কে সাধারণত z দ্বারা প্রকাশ করা হয় এবং জটিল রাশির সেটকে c দ্বারা চিহ্নিত করা হয়।

সুতারাং, $C=\{x+i\,y : x\in R, y\in R, i=\sqrt{-1}\}$ ।

উদাহরণ স্বরূপ, $5+3i, -1+i, 0+4i, 4+0i$ **ইত্যাদি হল জটিল রাশি।**

(1) অয়লার ছিলেন প্রথম গণিতবিদ যিনি -1 এর বর্গমূলের জন্য i (iota) প্রতীক প্রবর্তন করেন

যেখানে $i=\sqrt{-1}$ বা $i^2=-1$। তিনি এই প্রতীকটিকে কাল্পনিক সংখ্যামালার একক হিসেবে ব্যবহার করেন।

(2) যেকোন ধনাত্মক বাস্তব সংখ্যা a এর জন্য,

$$\sqrt{-a}=\sqrt{-1\times a}=\sqrt{-1}\sqrt{a}=i\sqrt{a}$$

(3) a এবং b- এর মধ্যে কমপক্ষে একটি যদি ঋণাত্মক বাস্তব সংখ্যা না হয় তবেই $\sqrt{a}\sqrt{b}=\sqrt{ab}$ এটি বৈধ। যদি a এবং b উভয়ই নেগেটিভ হয় তাহলে $\sqrt{a}\sqrt{b}=-\sqrt{|a|.|b|}$ হয়।

উদাহরণ 1: $\sqrt{-2}\sqrt{-3}$, এর মান হল

(a) $\sqrt{6}$ (b) $-\sqrt{6}$

(c) $i\sqrt{6}$ (d) এর কোনটাই নয়

সমাধান: (b) $\sqrt{-2}\sqrt{-3}=i\sqrt{2}\,i\sqrt{3}=i^2\sqrt{6}=-\sqrt{6}$

(4) i (iota)-এর অখন্ড ঘাতসমূহ:

যেহেতু $i=\sqrt{-1}$, সুতরাং $i^2=-1$, $i^3=-i$ এবং $i^4=1$. $i^n\,(n>4)$ এর মান খুঁজে পেতে

n কে 4 দ্বারা ভাগ কর। ধরাযাক q ভাগফল এবং r অবশিষ্টাংশ হয় এক্ষেত্রে ।

অর্থাৎ, $n=4q+r$ যেখানে $0\le r\le 3$

$i^n=i^{4q+r}=(i^4)^q.(i)^r=(1)^q.(i)^r=i^r$

সাধারণভাবে, নিম্নলিখিত ফলাফল পাই

$i^{4n}=1,\ i^{4n+1}=i,\ i^{4n+2}=-1$, $i^{4n+3}=-i$, যেখানে n কোন পূর্ণসংখ্যা।

উদাহরণ 2: $\dfrac{i^{592}+i^{590}+i^{588}+i^{586}+i^{584}}{i^{582}+i^{580}+i^{578}+i^{576}+i^{574}}-1$, এর মান হল

(a) -1 (b) -2

(c) -3 (d) -4

সমাধান: (b) $\dfrac{i^{584}(i^8+i^6+i^4+i^2+1)}{i^{574}(i^8+i^6+i^4+i^2+1)}-1=\dfrac{i^{584}}{i^{574}}-1=i^{10}-1=-1-1=-2$

4.1.2 একটি জটিল সংখ্যার বাস্তব এবং কাল্পনিক অংশ :

যদি x এবং y দুটি বাস্তব সংখ্যা হয়, তাহলে $z=x+iy$ কে একটি জটিল সংখ্যা বলে। এখানে 'x' কে z এর বাস্তব অংশ এবং 'y' কে z এর কাল্পনিক অংশ বলা হয়। Z এর বাস্তব অংশটি Re (z) এবং কাল্পনিক অংশটি Im (z) দ্বারা চিহ্নিত করা হয়।

যদি z = 3 – 4*i*, হয়, তাহলে Re(z) = 3 এবং Im(z) = – 4.

একটি জটিল সংখ্যা z সম্পূর্ণরূপে বাস্তব যদি এর কাল্পনিক অংশ শূন্য হয়, অর্থাৎ Im (z) = 0 এবং সম্পূর্ণরূপে কাল্পনিক যদি এর বাস্তব অংশ শূন্য হয় অর্থাৎ Re (z) = 0।

উদাহরণ 3: Re(2i - 3) =?

(a) – 2 (b) 2

(c) – 3 (d) 3

সমাধান: (a) Re (2i – 3) = Re (– 3 + 2i) = –3

4.1.3 জটিল সংখ্যায় বীজগণিতিক ক্রিয়াকলাপ :

ধরা যাক দুটি জটিল সংখ্যা হল $z_1=a+ib$ **এবং** $z_2=c+id$

যোগফল (z_1+z_2) : $(a+ib)+(c+id)=(a+c)+i(b+d)$

বিয়োগফল (z_1-z_2) : $(a+ib)-(c+id)=(a-c)+i(b-d)$

গুনফল ($z_1.z_2$) : $(a+ib)(c+id)=(ac-bd)+i(ad+bc)$

ভাগফল (z_1/z_2) : $\dfrac{a+ib}{c+id}$ (যেখানে c এবং d এর মধ্যে অন্তত একটি শূন্য নয়)

$$\frac{a+ib}{c+id}=\frac{(a+ib)}{(c+id)}\cdot\frac{(c-id)}{(c-id)}$$ (করণী-নিরসন)

$$\frac{a+ib}{c+id}=\frac{(ac+bd)}{c^2+d^2}+\frac{i(bc-ad)}{c^2+d^2}.$$

4.1.4 জটিল সংখ্যায় বীজগাণিতিক ক্রিয়াকলাপের বৈশিষ্ট্য:

ধরা যাক z_1, z_2 এবং z_3 যেকোন তিনটি জটিল সংখ্যা তাহলে তাদের বীজগাণিতিক ক্রিয়া-কলাপ নিম্নলিখিত বৈশিষ্ট্য গুলি মেনে চলে:

(i) জটিল রাশির যোগের ক্ষেত্রে বিনিময় সূত্র এবং সংযোগ সূত্র প্রযোজ্য হয় ।

অর্থাৎ, $z_1+z_2=z_2+z_1$ এবং $(z_1+z_2)+z_3=z_1+(z_2+z_3)$.

(ii) জটিল রাশির ক্ষেত্রে গুণফলে বিনিময় সূত্র এবং সংযোগ সূত্র প্রযোজ্য হয়।

অর্থাৎ, $z_1z_2=z_2z_1$ এবং $(z_1z_2)z_3=z_1(z_2z_3)$.

(iii) জটিল রাশির ক্ষেত্রে বন্টন এর সূত্র প্রযোজ্য হয়।

অর্থাৎ, $z_1(z_2+z_3)=z_1z_2+z_1z_3$ এবং $(z_2+z_3)z_1=z_2z_1+z_3z_1$.

উদাহরণ 4: নির্দেশিত ক্রিয়াকলাপগুলি সম্পাদন কর এবং $x+iy$ আকারে উত্তর লেখ যেখানে $x, y\in R$.

(i) $(3-2i)+i(5+2i)$ (ii) $(\sqrt{2}-i)-(2+4i)+i(2+\sqrt{2}i)$ (iii) $(3-2i)(i+4)$

(iv) $(2-i)(2+i)(1+i)$ (v) $\dfrac{5-2i}{2+3i}$ (vi) $\dfrac{(2+i)(i-3)}{4i+3}$

(vii) $i^{12}+(3-2i)^2$ (viii) $(\sqrt{5}-7i)(\sqrt{5}+7i)^2$ (ix) $\dfrac{(\sqrt{2}-i\sqrt{3})+(\sqrt{2}+i\sqrt{3})}{1+i}$

সমাধান:

(i) ধরা যাক, $z=(3-2i)+i(5+2i)$

$$\therefore z=(3-2i)+(5i+2i^2)=3-2i+5i-2=1+3i$$

(ii) ধরা যাক, $z=(\sqrt{2}-i)-(2+4i)+i(2+\sqrt{2}i)$

$$z=(\sqrt{2}-i)-(2+4i)+i(2+\sqrt{2}i)=\sqrt{2}-i-2-4i+2i+\sqrt{2}i^2=\sqrt{2}-3i-2-\sqrt{2}=-2-3i$$

(iii) ধরা যাক, $z=(3-2i)(i+4)$

$$\therefore z=(3-2i)(i+4)=3i+12-2i^2-8i=14-5i$$

(iv) ধরা যাক, $z=(2-i)(2+i)(1+i)$

$$\therefore z=(2-i)(2+i)(1+i)=\left((2)^2-(i)^2\right)(1+i)$$

$$=(4+1)(1+i)=5(1+i)=5+5i$$

(v) ধরা যাক, $z=\dfrac{5-2i}{2+3i}$

$$\therefore z=\frac{5-2i}{2+3i}=\frac{5-2i}{2+3i}\times\frac{2-3i}{2-3i}=\frac{10-15i-4i+6i^2}{(2)^2+(3)^2}=\frac{4-19i}{13}=\frac{4}{13}-\frac{19}{13}i$$

(vi) ধরা যাক, $z=\dfrac{(2+i)(i-3)}{4i+3}$

$$\therefore z=\frac{(2+i)(i-3)}{4i+3}=\frac{2i-6+i^2-3i}{3+4i}=\frac{-7-i}{3+4i}=\frac{-7-i}{3+4i}\times\frac{3-4i}{3-4i}$$

$$=\frac{-21+28i-3i+4i^2}{(3)^2+(4)^2}=\frac{-25+25i}{25}=-1+i$$

(vii) ধরা যাক, $z=i^{12}+(3-2i)^2$

$$z=i^{12}+(3-2i)^2=1+9-12i-4=6-12i$$

(viii) ধরা যাক, $z=\left(\sqrt{5}-7i\right)\left(\sqrt{5}+7i\right)^2$

$$\therefore z=\left[\left(\sqrt{5}\right)^2+(7)^2\right]\left(\sqrt{5}+7i\right)=54\left(\sqrt{5}+7i\right)=54\sqrt{5}+378i$$

(ix) ধরা যাক, $z=\dfrac{\left(\sqrt{2}-i\sqrt{3}\right)+\left(\sqrt{2}+i\sqrt{3}\right)}{1+i}$

$$\therefore z=\frac{\left(\sqrt{2}-i\sqrt{3}\right)+\left(\sqrt{2}+i\sqrt{3}\right)}{1+i}=\frac{2\sqrt{2}}{1+i}$$

$$=\frac{2\sqrt{2}}{1+i}\times\frac{1-i}{1-i}=\frac{2\sqrt{2}-i2\sqrt{2}}{1+1}=\sqrt{2}-i\sqrt{2}$$

4.1.5 দুটি জটিল সংখ্যার সমতা :

দুটি জটিল সংখ্যা $z_1 = x_1 + iy_1$ এবং $z_2 = x_2 + iy_2$ কে সমান বলা হয় যদি তাদের বাস্তব এবং কাল্পনিক অংশ আলাদাভাবে সমান হয়।

অর্থাৎ, $z_1 = z_2 \Leftrightarrow x_1 + iy_1 = x_2 + iy_2 \Leftrightarrow x_1 = x_2$ এবং $y_1 = y_2$.

জটিল রাশির ক্ষেত্রে ক্রমের নিয়ম প্রযোজ্য হয় না সুতরাং, $(a+ib) < (\text{or}) > (c+id)$ সংজ্ঞায়িত নয়। উদাহরণ স্বরূপ, $(9+6i) > (3+2i)$ বিবৃতিটির কোন অর্থ নেই।

উদাহরণ 5: x এবং y এর কোন বাস্তব মানের জন্য $(x+iy)\,(2-3i) = 4+i$ সমীকরণটি সন্তুষ্ট, হয়?

(a) $x = \frac{5}{13}, y = \frac{8}{13}$ (b) $x = \frac{8}{13}, y = \frac{5}{13}$ (c) $x = \frac{5}{13}, y = \frac{14}{13}$ (d) এর কোনটাই নয়

সমাধান : (c) $(x+iy)(2-3i) = 4+i$

$\Rightarrow (2x+3y) + i(-3x+2y) = 4+i$

বাস্তব এবং কাল্পনিক অংশ তুলনা করে আমরা পাই

$2x + 3y = 4$ ......(i)

$-3x + 2y = 1$ ......(ii)

(i) এবং (ii), সমাধান করে আমরা পাই

$$x = \frac{5}{13}, y = \frac{14}{13}$$

দ্বিতীয় সমাধান: $x + iy = \frac{4+i}{2-3i} = \frac{(4+i)(2+3i)}{13} = \frac{5}{13} + \frac{14}{13}i$

4.2 প্রতিযোগী জটিল রাশির ধর্ম

4.2.1 প্রতিযোগী জটিল রাশি:

একটি রাশি বা সংখ্যা $z = a + ib,\ a, b \in \mathrm{R}$ কে প্রতিযোগী জটিল রাশি বলা হয় যদি সংখ্যাটি $\bar{z} = a - ib$ আকারে লেখা যায়।

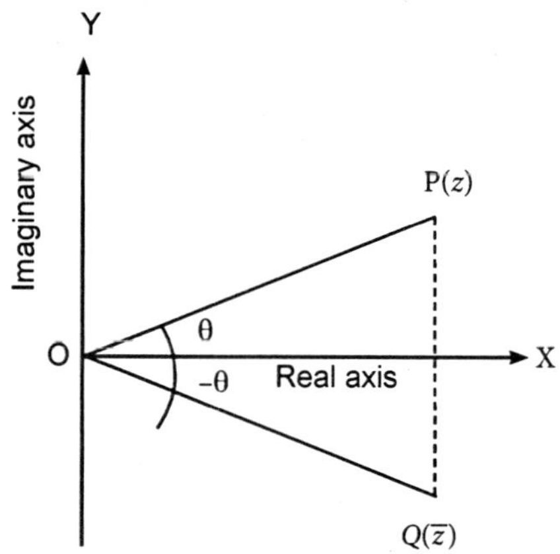

চিত্র: 4.1 অনুবন্ধী জটিল সংখ্যা

অতএব, $\text{Re}(z) = \frac{z+\overline{z}}{2}$ এবং $\text{Im}(z) = \frac{z-\overline{z}}{2i}$.

জ্যামিতিকভাবে, z- এর প্রতিযোগী রাশি হল বাস্তব অক্ষের z- এর প্রতিফলন বা বিন্দু চিত্র।

4.2.2 প্রতিযোগী জটিল রাশির ধর্ম:

যদি z, z_1 এবং z_2 বিদ্যমান জটিল সংখ্যা হয়, তাহলে নিম্নলিখিত ফলাফল পাওয়া যায়:

(i) $\overline{(\overline{z})} = z$

(ii) $\overline{z_1 + z_2} = \overline{z}_1 + \overline{z}_2$

(iii) $\overline{z_1 - z_2} = \overline{z}_1 - \overline{z}_2$

(iv) $\overline{z_1 z_2} = \overline{z}_1\,\overline{z}_2$, সাধারণভাবে, $\overline{z_1.z_2.z_3.....z_n} = \overline{z}_1.\overline{z}_2.\overline{z}_3.....\overline{z}_n$

(v) $\overline{\left(\frac{z_1}{z_2}\right)} = \frac{\overline{z_1}}{\overline{z_2}}, \ z_2 \neq 0$

(vi) $(\overline{z})^n = (\overline{z^n})$

(vii) $z + \overline{z} = 2\,\text{Re}(z) = 2\,\text{Re}(\overline{z}) =$ সম্পূর্ণ বাস্তব

(viii) $z - \overline{z} = 2i\,\text{Im}(z) =$ সম্পূর্ণ অবাস্তব

(ix) $z\overline{z} = |z|^2 =$ সম্পূর্ণ বাস্তব

উদাহরণ 6: $\frac{2+5i}{4-3i}$ এর প্রতিযোগী জটিল রাশি হল

(a) $\frac{7-26i}{25}$ (b) $\frac{-7-26i}{25}$

(c) $\frac{-7+26i}{25}$ (d) $\frac{7+26i}{25}$

সমাধান : (b) $\frac{2+5i}{4-3i} = \frac{(2+5i)(4+3i)}{25} = \frac{-7+26i}{25}$.

উদাহরণ 7: নিম্নোক্ত জটিল সংখ্যার অনুবন্ধী জটিল সংখ্যা বের কর

(i) $(-2+i)(3i-2)$ (ii) $\frac{1+7i}{(2-i)^2}$ (iii) $\frac{1+2i}{3-4i} + \frac{i-2}{3+4i}$

সমাধান:

(i) ধরা যাক $z = (-2+i)(3i-2) = -6i + 4 + 3i^2 - 2i = 1 - 8i$

$$\therefore z = -6i + 4 + 3i^2 - 2i = 1 - 8i$$

$\therefore \bar{z} = 1+8i$

(ii) ধরা যাক $z = \dfrac{1+7i}{(2-i)^2}$

$$\therefore z = \frac{1+7i}{(2-i)^2} = \frac{1+7i}{4-4i-1} = \frac{1+7i}{3-4i}$$

$$\therefore z = \frac{1+7i}{3-4i} \times \frac{3+4i}{3+4i} = \frac{3+4i+21i+28i^2}{(3)^2+(4)^2} = \frac{-25+25i}{25} = -1+i$$

$\therefore \bar{z} = -1-i$

(iii) ধরা যাক $z = \dfrac{1+2i}{3-4i} + \dfrac{i-2}{3+4i}$

$$\therefore z = \frac{(1+2i)(3+4i)+(i-2)(3-4i)}{(3-4i)(3+4i)}$$

$$\therefore z = \frac{3+4i+6i+8i^2+3i-4i^2-6+8i}{9+16} = \frac{-7+21i}{25} = -\frac{7}{25}+\frac{21}{25}i$$

$\therefore \bar{z} = -\dfrac{7}{25} - \dfrac{21}{25}i$

4.3 জটিল সংখ্যার মডিউলাস

4.3.1 সংজ্ঞা: $z = a+ib$ জটিল সংখ্যার মডিউলাসকে $|z| = \sqrt{a^2+b^2}$, হিসেবে সংজ্ঞাত করা হয় যেখানে a, b বাস্তব সংখ্যা। জ্যামিতিকভাবে | z | উৎপত্তি থেকে বিন্দু P এর দূরত্বকে উপস্থাপন করে, অর্থাৎ $|z| = OP$.

যদি $|z| = 1$ হয়, সংশ্লিষ্ট জটিল সংখ্যাটি ইউনি-মডুলার (unimodular) জটিল সংখ্যা হিসাবে পরিচিত হয়। স্পষ্টভাবে z একক ব্যাসার্ধের একটি বৃত্তে অবস্থিত যার কেন্দ্র (0, 0)।

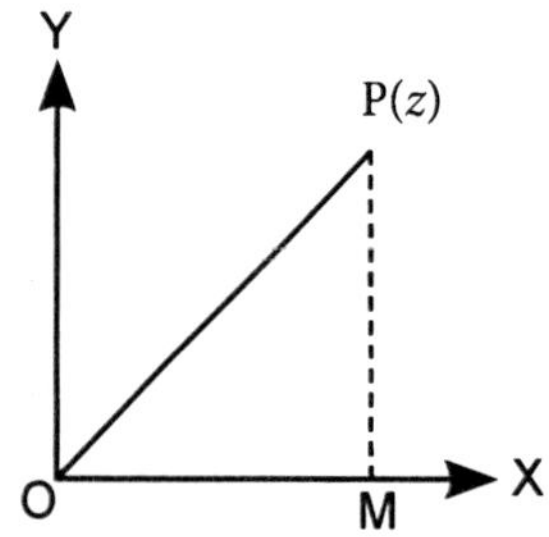

চিত্র: 4.2 জটিল সংখ্যার মডুলাস

4.3.2 মডুলাসের বৈশিষ্ট্য (Properties of modulus)

(i) $|z| \geq 0 \Rightarrow |z| = 0, z = 0$ এবং $|z| > 0, z \neq 0$.

(ii) $-|z| \leq \operatorname{Re}(z) \leq |z|$ এবং $-|z| \leq \operatorname{Im}(z) \leq |z|$

(iii) $|z| = |\bar{z}| = |-z| = |-\bar{z}| = |zi|$

(iv) $z\bar{z} = |z|^2 = |\bar{z}|^2$

(v) $|z_1z_2|=|z_1||z_2|$.

সাধারণত, $|z_1z_2z_3......z_n|=|z_1||z_2||z_3|....|z_n|$

(vi) $\left|\dfrac{z_1}{z_2}\right|=\dfrac{|z_1|}{|z_2|}$, $(z_2\neq 0)$

(vii) $|z^n|=|z|^n, n\in N$

(viii) $|z_1\pm z_2|^2=(z_1\pm z_2)(\overline{z_1}\pm\overline{z_2})=|z_1|^2+|z_2|^2\pm(z_1\overline{z}_2+\overline{z}_1z_2)$

বা $|z_1|^2+|z_2|^2\pm 2\,\mathrm{Re}(z_1\overline{z}_2)$

উদাহরণ 8: $\left(\dfrac{3+2i}{3-2i}\right)$ এর অনুবন্ধী জটিল সংখ্যা বের কর।

(a) 1 (b) 1/2

(c) 2 (d) $\sqrt{2}$

সমাধান: (a) $\left(\dfrac{3+2i}{3-2i}\right)=\left(\dfrac{3+2i}{3-2i}\right)\left(\dfrac{3+2i}{3+2i}\right)=\dfrac{9-4+12i}{13}=\dfrac{5}{13}+i\left(\dfrac{12}{13}\right)$

$$\text{মডিউলাস}=\sqrt{\left(\frac{5}{13}\right)^2+\left(\frac{12}{13}\right)^2}=1.$$

উদাহরণ 9: নিম্নোক্ত জটিল সংখ্যার মডিউলাস বের কর।

(i) $(2+5i)+3(i+1)-(1+5i)$ (ii) $\dfrac{(1+i\sqrt{2})(1-i\sqrt{2})}{4+3i}$

(iii) $4(1-i)+[(2+5i)(i-2)]$

সমাধান:

(i) ধরা যাক $z=(2+5i)+3(i+1)-(1+5i)$

$\therefore z=(2+5i)+3(i+1)-(1+5i)=2+5i+3i+3-1-5i$

$\therefore z=4+3i$

$\therefore |z|=\sqrt{(4)^2+(3)^2}=\sqrt{25}=5$

(ii) ধরা যাক $z = \frac{\left(1+i\sqrt{2}\right)\left(1-i\sqrt{2}\right)}{4+3i}$

$$\therefore z = \frac{\left((1)^2 + \left(\sqrt{2}\right)^2\right)}{4+3i} = \frac{3}{4+3i}$$

$$\therefore z = \frac{3}{4+3i} \times \frac{4-3i}{4-3i} = \frac{12-9i}{(4)^2+(3)^2} = \frac{12-9i}{25} = \frac{12}{25} - \frac{9}{25}i$$

$$|z| = \sqrt{\left(\frac{12}{25}\right)^2 + \left(\frac{9}{25}\right)^2} = \sqrt{\frac{144+81}{625}} = \sqrt{\frac{225}{625}} = \frac{15}{25} = \frac{3}{5}$$

$\therefore z = \frac{3}{4+3i} = \frac{z_1}{z_2}$ যেখানে, $z_1 = 3 = 3+0i$ এবং $z_2 = 4+3i$

$\therefore |z_1| = \sqrt{(3)^2} = 3$ এবং $|z_2| = \sqrt{(4)^2+(3)^2} = \sqrt{25} = 5$

$$\therefore \left|\frac{z_1}{z_2}\right| = \frac{|z_1|}{|z_2|} = \frac{3}{5}$$

(iii) ধরা যাক, $z = 4(1-i) + \left[(2+5i)(i-2)\right]$

$$\therefore z = \left(4-4i\right) + \left(2i - 4 + 5i^2 - 10i\right) = 4 - 4i + 2i - 4 - 5 - 10i = -5 - 8i$$

$$\therefore z = -5 - 12i$$

$$\therefore |z| = \sqrt{(-5)^2 + (-8)^2} = \sqrt{25+64} = \sqrt{169} = 13$$

4.4 জটিল সংখ্যার আর্গুমেন্ট (প্রশস্ততা)

4.4.1 সংজ্ঞা: ধরা যাক $z = a + ib$ যেকোনো একটি জটিল সংখ্যা। যদি এই জটিল সংখ্যাটি একটি বিন্দু P তে জ্যামিতিকভাবে উপস্থাপন করা হয় তাহলে, বাস্তব অক্ষের সাথে OP লাইন দ্বারা তৈরি কোণটিকে বলা হয় z এর আর্গুমেন্ট বা অ্যামপ্লিচিউড এবং এটি প্রকাশ করা হয়

$arg(z) = \theta = \tan^{-1}\left(\frac{b}{a}\right)$, $\theta = \angle POM$, জটিল সংখ্যার আর্গুমেন্ট অনন্য নয়, যেহেতু, যদি কোনো জটিল সংখ্যার আর্গুমেন্ট θ হয় তাহলে তার অপর আর্গুমেন্ট হবে $2n\pi + \theta$, যেখানে $n \in I$ ।

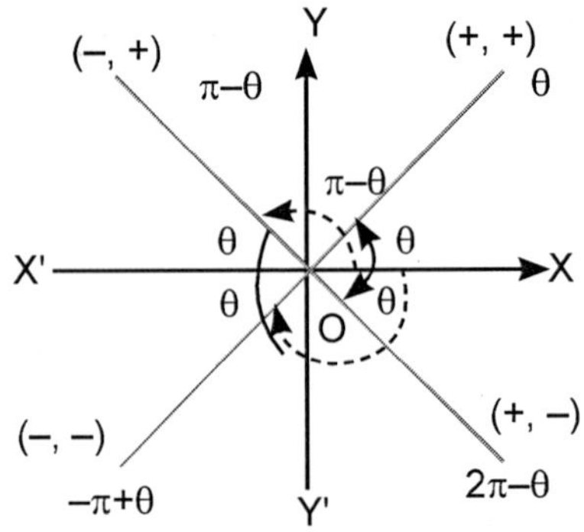

চিত্র: 4.3 জটিল সংখ্যার আর্গুমেন্ট

4.4.2 আর্গুমেন্ট z-এর অর্থাৎ *arg*(z)- এর মুখ্যমান (Principal value of *arg* (z)):

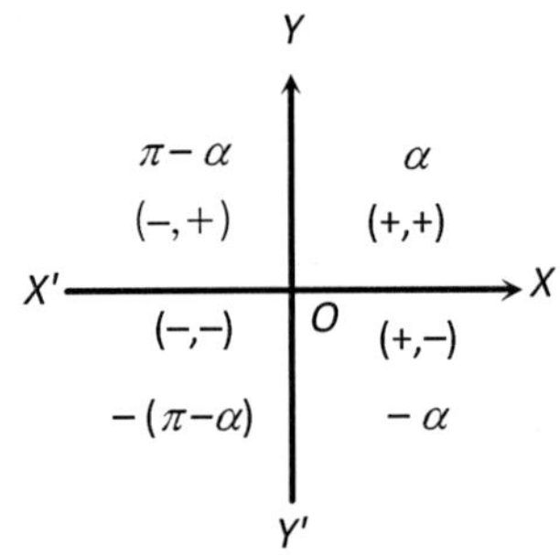

চিত্র: 4.4 আর্গুমেন্টের মুখ্যমান

θ এর যে মান $-\pi < \theta \leq \pi$ এই পরিসরে অবস্থিত তাকে জটিল রাশি z-এর আর্গুমেন্টের মুখ্যমান বলে। জটিল রাশির আর্গুমেন্ট বা অ্যামপ্লিচিউড বলতে সাধারণত ওর মুখ্যমান কেই বোঝায়।

যদি x > 0, y > 0 হয়, তবে z=x+iy এর আর্গুমেন্ট হবে α ,

যেখানে $\alpha = \tan^{-1}\left|\frac{b}{a}\right|$ (সূক্ষ্মকোণ)।

যদি x < 0, y > 0 হয়, তবে z=x+iy এর আর্গুমেন্ট হবে $\pi - \alpha$, যেখানে $\alpha = \tan^{-1}\left|\frac{b}{a}\right|$ (সূক্ষ্মকোণ) ।

যদি x > 0, y > 0 হয়, তবে z=x+iy এর আর্গুমেন্ট হবে $\alpha - \pi$, যেখানে $\alpha = \tan^{-1}\left|\frac{b}{a}\right|$ (সূক্ষ্মকোণ) ।

যদি x > 0, y > 0 হয়, তবে z=x+iy এর আর্গুমেন্ট হবে $-\alpha$, যেখানে $\alpha = \tan^{-1}\left|\frac{b}{a}\right|$ (সূক্ষ্মকোণ) ।

উদাহরণ 10: $-1+i\sqrt{3}$ এর আর্গুমেন্ট নির্ণয় করো।

(a) -60° (b) 60°

(c) 120° (d) -120°

সমাধান: (c) $arg(-1+i\sqrt{3}) = \tan^{-1}\left(\frac{\sqrt{3}}{-1}\right) = 120^o$ যেহেতু এটি দ্বিতীয় প্রতিপাদে অবস্থান করে

উদাহরণ 11: নিম্নোক্ত জটিল রাশিগুলোর আর্গুমেন্ট নির্ণয় করো।

(i) $1+i$ (ii) $-1-i\sqrt{3}$ (iii) $2+i\sqrt{3}$

সমাধান: (i) ধরা যাক, $z=1+i$

$\therefore z=1+i$ এখানে, $x=1$ এবং $y=1$

$$\therefore r=\sqrt{x^2+y^2}=\sqrt{1+1}=\sqrt{2}$$

এখানে, $x>0$ এবং $y>0$ $\therefore \theta$ প্রথম পাদে অবস্থান করে।

$$\therefore \tan\theta=\frac{y}{x}=\frac{1}{1}=1 \qquad \therefore \theta=\frac{\pi}{4}$$

$$\therefore amp(z)=\arg(z)=\theta=\frac{\pi}{4}$$

(ii) ধরা যাক, $z=-1-i\sqrt{3}$

$\therefore z=-1-i\sqrt{3}$ এখানে $x=-1$ এবং $y=-\sqrt{3}$

$$\therefore r=\sqrt{x^2+y^2}=\sqrt{(-1)^2+-\left(\sqrt{3}\right)^2}=\sqrt{1+3}=2$$

এখানে, $x<0$ এবং $y<0$ $\therefore \theta$ তৃতীয় পাদে অবস্থান করে।

$$\therefore \tan\theta=\frac{y}{x}=\frac{-\sqrt{3}}{-1}=\sqrt{3} \qquad \therefore \theta=\frac{\pi}{3}$$

$$\therefore amp(z)=\arg(z)=\theta-\pi=\frac{\pi}{3}-\pi=-\frac{2\pi}{3}$$

(iii) ধরা যাক, $z=2+i\sqrt{3}$

$\therefore z=2+i\sqrt{3}$ এখানে, $x=2$ এবং $y=\sqrt{3}$

$$\therefore r=\sqrt{x^2+y^2}=\sqrt{(2)^2+\left(\sqrt{3}\right)^2}=\sqrt{4+3}=\sqrt{7}$$

এখানে, $x>0$ এবং $y>0$ $\therefore \theta$ প্রথম পাদে অবস্থান করে।

$$\therefore \tan\theta = \frac{y}{x} = \frac{\sqrt{3}}{2} \qquad \therefore \theta = \tan^{-1}\left(\frac{\sqrt{3}}{2}\right)$$

$$\therefore amp(z) = \arg(z) = \theta = \tan^{-1}\left(\frac{\sqrt{3}}{2}\right)$$

Table: জটিল সংখ্যার আর্গুমেন্টের মান

জটিল সংখ্যা	**আর্গুমেন্টের মান**
$+ve\ \text{Re}(z)$	0
$-ve\ \text{Re}(z)$	π
$+ve\text{Im}(z)$	$\pi/2$
$-ve\text{Im}(z)$	$3\pi/2\ or - \pi/2$
$-(z)$	$\|\theta \pm \pi\|$, যদি θ যথাক্রমে +ve এবং -ve হয়।
(iz)	$\left\{\frac{\pi}{2} + arg(z)\right\}$
$-(iz)$	$\left\{arg(z) - \frac{\pi}{2}\right\}$
(z^n)	$n.\arg(z)$
$(z_1.z_2)$	$\arg(z_1) + \arg(z_2)$
$\left(\frac{z_1}{z_2}\right)$	$\arg(z_1) - \arg(z_2)$

সারণী 4.1: জটিল সংখ্যার আর্গুমেন্টের মান

4.5 বিভিন্ন আকারে জটিল সংখ্যার উপস্থাপনা

একটি জটিল সংখ্যা নিম্নলিখিত আকারে উপস্থাপন করা যেতে পারে:

4.5.1 জ্যামিতিক উপস্থাপনা (কার্টেশিয়ান উপস্থাপনা)

জটিল সংখ্যাটি একটি বিন্দু P দ্বারা উপস্থাপন করা হয় যার স্থানাঙ্কগুলি আয়তক্ষেত্রাকার অক্ষের জন্য উল্লেখ করা হয় এবং যাকে যথাক্রমে বাস্তব এবং কাল্পনিক অক্ষ বলা হয়। এই সমতলকে বলা হয় আর্গ্যান্ড প্লেন বা আর্গান্ড ডায়াগ্রাম বা কমপ্লেক্স প্লেন বা গাউসিয়ান প্লেন।

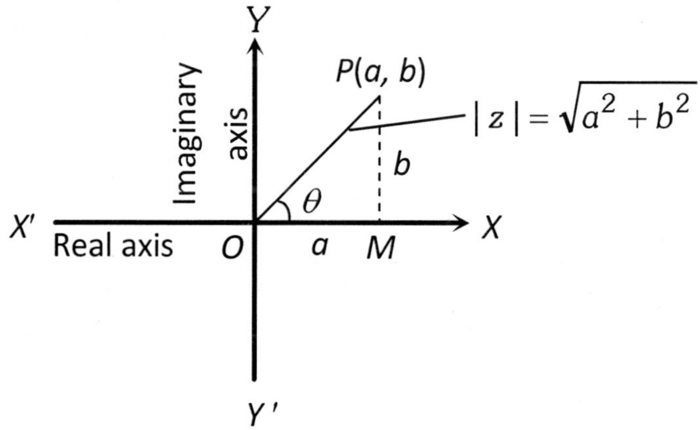

চিত্র: 4.5 জটিল সংখ্যার কার্টেশিয়ান উপস্থাপনা

উৎপত্তি থেকে যে কোন জটিল সংখ্যার দূরত্বকে জটিল সংখ্যার মডুলাস বলা হয় এবং $|z|$, সুতরাং, $|z| = \sqrt{a^2 + b^2}$ দ্বারা চিহ্নিত করা হয়।

X – অক্ষের ধনাত্মক দিক সহ যেকোন জটিল সংখ্যার কোণকে প্রশস্ততা বা z এর আর্গুমেন্ট বলে। সুতরাং, $amp(z) = arg(z) = \tan^{-1}\left(\frac{b}{a}\right)$।

4.5.2 ত্রিকোণমিতিক (পোলার) উপস্থাপনা:

ΔOPM - এ, ধরাযাক $OP = r$, তাহলে $a = r\cos\theta$ এবং $b = r\sin\theta$ হলে, z কে প্রকাশ করা যেতে পারে $z = r(\cos\theta + i\sin\theta)$ এইভাবে।

যেখানে r = | z | এবং θ = z এর আর্গুমেন্টের মুখ্যমান।

আর্গুমেন্টের সাধারণ মানের জন্য $z = r\left[\cos(2n\pi + \theta) + i\sin(2n\pi + \theta)\right]$ হয়।

কখনও কখনও $(\cos\theta + i\sin\theta)$ কে সংক্ষেপে $cis\theta$ লেখা হয়।

Complex Numbers

4.5.3 এক রূপের অন্য রূপে রূপান্তর :

উদাহরণ 12: $\frac{1-i}{1+i}$ জটিল রাশি কে মডিউলাস-অ্যামপ্লিচিউড আকারে প্রকাশ করলে হয়

(a) $\cos\frac{\pi}{2}+i\sin\frac{\pi}{2}$ (b) $\cos\frac{\pi}{2}-i\sin\frac{\pi}{2}$

(c) $\sin\frac{\pi}{2}+i\cos\frac{\pi}{2}$ (d) কোনটাই নয়

সমাধান: (b) $\frac{1-i}{1+i}=\frac{(1-i)(1-i)}{(1+i)(1-i)}=\frac{1+(i)^2-2i}{1+1}=-i$

যেটা লেখা যায় $\cos\frac{\pi}{2}-i\ \sin\frac{\pi}{2}$

উদাহরণ 13: নিম্নে প্রদত্ত কার্তেশিয়ান আকারের জটিল রাশিগুলিকে পোলার আকারের জটিল রাশি তে রূপান্তরিত করো।

(i) i (ii) $-1+i$ (ii) $2\sqrt{3}-2i$

সমাধান:

(i) ধরা যাক, $z=i$

$\therefore z=i=0+i$ এখানে, $x=0$ এবং $y=1$

$\therefore r=\sqrt{x^2+y^2}=\sqrt{0+1}=1$

$\therefore \tan\theta=\frac{y}{x}=\frac{1}{0}=\infty \quad \therefore \theta=\frac{\pi}{2}$

$\therefore amp(z)=\arg(z)=\theta=\frac{\pi}{2}$

$\therefore z=rcis\theta=r(\cos\theta+i\sin\theta)=1\left(\cos\frac{\pi}{2}+i\sin\frac{\pi}{2}\right)=\cos\frac{\pi}{2}+i\sin\frac{\pi}{2}$

(ii) ধরা যাক, $z=-1+i$

$\therefore z=-1+i$ এখানে, $x=-1$ এবং $y=1$

$$\therefore r=\sqrt{x^2+y^2}=\sqrt{1+1}=\sqrt{2}$$

এখানে, $x<0$ এবং $y>0,\ \theta$ দ্বিতীয় পাদে অবস্থান করে।

$$\therefore \tan\theta=\frac{y}{x}=\frac{1}{-1}=-1 \therefore \theta=\frac{3\pi}{4}$$

$$\therefore amp(z)=\arg(z)=\theta=\frac{3\pi}{4}$$

$$\therefore z=rcis\theta=r(\cos\theta+i\sin\theta)=\sqrt{2}\left(\cos\frac{3\pi}{4}+i\sin\frac{3\pi}{4}\right)$$

(iii) ধরা যাক, $z=2\sqrt{3}-2i$

$\therefore z=2\sqrt{3}-2i$ এখানে, $x=2\sqrt{3}$ এবং $y=-2$

$$\therefore r=\sqrt{\left(2\sqrt{3}\right)^2+(-2)^2}=\sqrt{12+4}=4$$

এখানে, $x>0$ এবং $y<0,\ \theta$ চতুর্থ পাদে অবস্থান করে।

$$\tan\theta=\left|\frac{y}{x}\right|=\left|\frac{-2}{2\sqrt{3}}\right|=\frac{1}{\sqrt{3}} \qquad \therefore \theta=\frac{\pi}{6}$$

$$\therefore amp(z)=\arg(z)=-\theta=-\frac{\pi}{6}$$

$$\therefore z=rcis\theta=r(\cos\theta+i\sin\theta)=4\left(\cos\left(\frac{-\pi}{6}\right)+i\sin\left(\frac{-\pi}{6}\right)\right)=4\left(\cos\frac{\pi}{6}-i\sin\frac{\pi}{6}\right)$$

4.6 ডি 'মোইভ্রে এর উপপাদ্য

(1) যদি n কোন বাস্তব সংখ্যা হয়, তাহলে $(\cos\theta+i\sin\theta)^n=\cos n\theta+i\sin n\theta$.

(2) যদি $z=(\cos\theta_1+i\sin\theta_1)(\cos\theta_2+i\sin\theta_2)\ (\cos\theta_3+i\sin\theta_3)\ ......\ (\cos\theta_n+i\sin\theta_n)$

তাহলে $z=\cos(\theta_1+\theta_2+\theta_3+.....+\theta_n)\ +i\sin(\theta_1+\theta_2+\theta_3+.....+\theta_n)$

যেখানে $\theta_1,\theta_2,\theta_3.....\theta_n\in R$.

(3) যদি $z = r(\cos\theta + i\sin\theta)$ এবং n কোন বাস্তব সংখ্যা হয়, তাহলে $z^{1/n} = r^{1/n}\left[\cos\left(\frac{2k\pi+\theta}{n}\right) + i\sin\left(\frac{2k\pi+\theta}{n}\right)\right]$

যেখানে .এই উপপাদ্যটি বৈধ নয় যখন n একটি বাস্তব সংখ্যা নয় বা জটিল সংখ্যাটি $\cos\theta + i\sin\theta$ আকারে নেই।

উদাহরণ 14: যদি $z = \left(\frac{\sqrt{3}}{2} + \frac{i}{2}\right)^5 + \left(\frac{\sqrt{3}}{2} - \frac{i}{2}\right)^5$, তাহলে

(a) $\operatorname{Re}(z) = 0$ (b) $\operatorname{Im}(z) = 0$

(c) $\operatorname{Re}(z) > 0, \operatorname{Im}(z) > 0$ (d) $\operatorname{Re}(z) > 0, \operatorname{Im}(z) < 0$

সমাধান : (a) ডি 'মোইভ্রে এর উপপাদ্য ব্যবহার করে পাই

$(\cos\theta + i\sin\theta)^n = (\cos n\theta + i\sin n\theta)$ এবং $n = 0,1,2$ হয় , তাহলে আমরা প্রয়োজনীয় বীজ পাই।

উদাহরণ 15: ডি 'মোইভ্রে এর উপপাদ্য ব্যবহার করে জটিল রাশি গুলির সমাধান করো।

(i) $\left[\frac{\cos 3\theta + i\sin 3\theta}{\cos\theta - i\sin\theta}\right]^2$ (ii) $\frac{(\cos 3\theta + i\sin 3\theta)^2 (\cos 5\theta + i\sin 5\theta)^{-3}}{(\cos 4\theta + i\sin 4\theta)^{-5} (\cos 2\theta + i\sin 2\theta)^4}$

সমাধান: (i) ধরা যাক , $z = \left[\frac{\cos 3\theta + i\sin 3\theta}{\cos\theta - i\sin\theta}\right]^2$

$$\therefore z = \frac{(\cos 3\theta + i\sin 3\theta)^2}{(\cos\theta - i\sin\theta)^2} = \frac{\left[(\cos\theta + i\sin\theta)^3\right]^2}{\left[(\cos\theta + i\sin\theta)^{-1}\right]^2} = \frac{(\cos\theta + i\sin\theta)^6}{(\cos\theta + i\sin\theta)^{-2}}$$

$$\therefore z = (\cos\theta + i\sin\theta)^{6-(-2)} = (\cos\theta + i\sin\theta)^8 = \cos 8\theta + i\sin 8\theta$$

(ii) ধরা যাক $z = \frac{(\cos 3\theta + i\sin 3\theta)^2 (\cos 5\theta + i\sin 5\theta)^{-3}}{(\cos 4\theta + i\sin 4\theta)^{-5} (\cos 2\theta + i\sin 2\theta)^4}$

$$\therefore z = \frac{\left[(\cos\theta + i\sin\theta)^3\right]^2 \left[(\cos\theta + i\sin\theta)^5\right]^{-3}}{\left[(\cos\theta + i\sin\theta)^4\right]^{-5} \left[(\cos\theta + i\sin\theta)^2\right]^4} = \frac{(\cos\theta + i\sin\theta)^6 (\cos\theta + i\sin\theta)^{-15}}{(\cos\theta + i\sin\theta)^{-20} (\cos\theta + i\sin\theta)^8}$$

$$\therefore z = (\cos\theta + i\sin\theta)^{6+(-15)-(-20)-8} = (\cos\theta + i\sin\theta)^3 = \cos 3\theta + i\sin 3\theta$$

উদাহরণ 16:

প্রমাণ করো যে $\left(\sin\theta + i\cos\theta\right)^{4n} = \cos 4n\theta - i\sin 4n\theta, n \in N$

সমাধান: $L.H.S. = \left(\sin\theta + i\cos\theta\right)^{4n} = \left[\cos\left(\frac{\pi}{2}-\theta\right) + i\sin\left(\frac{\pi}{2}-\theta\right)\right]^{4n}$

$$= \cos 4n\left(\frac{\pi}{2}-\theta\right) + i\sin 4n\left(\frac{\pi}{2}-\theta\right) = \cos\left(2n\pi - 4n\theta\right) + i\sin\left(2n\pi - 4n\theta\right)$$

$$= \cos\left(4n\theta\right) - i\sin\left(4n\theta\right) = R.H.S.$$

উদাহরণ 17: প্রমাণ করো যে $\left(\sqrt{3}+i\right)^n + \left(\sqrt{3}-i\right)^n = 2^{n+1}\cos\left(\frac{n\pi}{6}\right), n > 0$

More on Complex nos

সমাধান: ধরাযাক, $z_1 = \left(\sqrt{3}+i\right)$ এবং $z_2 = \left(\sqrt{3}-i\right)$

Z_1 এবং Z_2 কে পোলার আকারে রূপান্তরিত করলে পাই

$\therefore\ z_1 = \left(\sqrt{3}+i\right) = 2\left[\cos\left(\frac{\pi}{6}\right) + i\sin\left(\frac{\pi}{6}\right)\right]$ এবং $z_2 = \left(\sqrt{3}-i\right) = 2\left[\cos\left(\frac{\pi}{6}\right) - i\sin\left(\frac{\pi}{6}\right)\right]$

$$L.H.S. = \left(\sqrt{3}+i\right)^n + \left(\sqrt{3}-i\right)^n$$

$$= \left\{2\left[\cos\left(\frac{\pi}{6}\right) + i\sin\left(\frac{\pi}{6}\right)\right]\right\}^n + \left\{2\left[\cos\left(\frac{\pi}{6}\right) - i\sin\left(\frac{\pi}{6}\right)\right]\right\}^n$$

$$= 2^n\left[\cos\left(\frac{n\pi}{6}\right) + i\sin\left(\frac{n\pi}{6}\right) + \cos\left(\frac{n\pi}{6}\right) - i\sin\left(\frac{n\pi}{6}\right)\right]$$

$$= 2^{n+1}\cos\left(\frac{n\pi}{6}\right) = R.H.S.$$

4.7 আংশিক ভগ্নাংশ

মনে করা যাক একটি বাস্তব অপেক্ষককে দুটি বহুপদী অপেক্ষকের অনুপাত হিসাবে অর্থাৎ $\frac{P(x)}{Q(x)}$ আকারে সংজ্ঞায়িত করা হয়, যেখানে P (x) এবং Q (x), x এর বহুপদী এবং $Q(x) \neq 0$।

যদি P (x) এর ডিগ্রী Q (x) এর ডিগ্রীর চেয়ে কম হয়, তাহলে বাস্তব অপেক্ষককে প্রকৃত বলা হয়, অন্যথায়, এটিকে অপ্রকৃত অপেক্ষক বলা হয়। অপ্রকৃত বাস্তব অপেক্ষক দীর্ঘ বিভাজন প্রক্রিয়ার দ্বারা প্রকৃত বাস্তব অপেক্ষকে হ্রাস করা যেতে পারে। সুতরাং, যদি $\frac{P(x)}{Q(x)}$ অপ্রকৃত ভগ্নাংশ হয়, তাহলে $\frac{P(x)}{Q(x)} = T(x) + \frac{P_1(x)}{Q(x)}$ হয়, যেখানে $T(x)$ হল x এর বহুপদী অপেক্ষক এবং $\frac{P_1(x)}{Q(x)}$ হল প্রকৃত বাস্তব অপেক্ষক। নিম্নোক্ত সারণী বিভিন্ন ধরনের যুক্তিসঙ্গত অপেক্ষকের সাথে যুক্ত হওয়া সহজ আংশিক ভগ্নাংশের ধরন নির্দেশ করে।

S. No.	Form of the rational function	Form of the partial fraction
1.	$\frac{px+q}{(x-a)(x-b)}, a \neq b$	$\frac{A}{x-a} + \frac{B}{x-b}$
2.	$\frac{px+q}{(x-a)^2}$	$\frac{A}{x-a} + \frac{B}{(x-a)^2}$
3.	$\frac{px^2+qx+r}{(x-a)(x-b)(x-c)}$	$\frac{A}{x-a} + \frac{B}{x-b} + \frac{C}{x-c}$
4.	$\frac{px^2+qx+r}{(x-a)^2(x-b)}$	$\frac{A}{x-a} + \frac{B}{(x-a)^2} + \frac{C}{x-b}$
5.	$\frac{px^2+qx+r}{(x-a)(x^2+bx+C)}$	$\frac{A}{x-a} + \frac{Bx+C}{(x^2+bx+C)}$
Where x^2+bx+C can not be factorized further.		

সারণী 4.2: বাস্তাব অপেক্ষক এবং সংশ্লিষ্ট আংশিক ভগ্নাংশের রূপ

উদাহরণ 18: $\dfrac{1}{(x+1)(x+2)}$ কে আংশিক ভগ্নাংশে রূপান্তর করো।

সমাধান:

প্রদত্ত অপেক্ষক হল প্রকৃত বাস্তব অপেক্ষক। সুতরাং, আংশিক ভগ্নাংশের সারণী ব্যবহার করে, আমরা লিখি

$$\frac{1}{(x+1)(x+2)}=\frac{A}{(x+1)}+\frac{B}{(x+2)}$$

যেখানে, প্রকৃত সংখ্যা A এবং B যথাযথভাবে নির্ধারণ করতে হবে। সুতরাং,

$1 = A(x + 2) + B(x + 1).$

X এবং ধ্রুবকের সহগ উভয় দিকে তুলনা করে পাই,

$A + B = 0$ এবং $2A + B = 1$

এই সমীকরণগুলি সমাধান করে, আমরা পাই $A = 1$ এবং $B = -1$.

সুতরাং, ভগ্নাংশ হল $\dfrac{1}{(x+1)(x+2)}=\dfrac{1}{(x+1)}+\dfrac{-1}{(x+2)}$

উদাহরণ 19: $\dfrac{x^2+1}{x^2-5x+6}$ কে আংশিক ভগ্নাংশে রূপান্তর করো।

সমাধান:

প্রদত্ত অপেক্ষক হল অপ্রকৃত বাস্তব অপেক্ষক। সুতরাং, x^2+1 কে x^2-5x+6 দ্বারা ভাগ করে পাই

$$\frac{x^2+1}{x^2-5x+6}=1+\frac{5x-5}{x^2-5x+6}=1+\frac{5x-5}{(x-2)(x-3)}$$

ধরাযাক, $\dfrac{5x-5}{(x-2)(x-3)}=\dfrac{A}{x-2}+\dfrac{B}{x-3}$

সুতরাং, $5x-5=A(x-3)+B(x-2)$

X এবং ধ্রুবকের সহগ উভয় দিকে তুলনা করে পাই,

$A + B = 5$ এবং $3A + 2B = 5.$

এই সমীকরণগুলি সমাধান করে, আমরা পাই A = – 5 এবং B = 10

সুতরাং, ভগ্নাংশ হল $$\frac{x^2+1}{x^2-5x+6}=1-\frac{5}{x-2}+\frac{10}{x-3}.$$

উদাহরণ 20: $\frac{3x-2}{(x+1)^2(x+3)}$ কে আংশিক ভগ্নাংশে রূপান্তর করো।

সমাধান: প্রদত্ত অপেক্ষক হল প্রকৃত বাস্তব অপেক্ষক। সুতরাং, আংশিক ভগ্নাংশের সারণী ব্যবহার করে, আমরা লিখি

$$\frac{3x-2}{(x+1)^2(x+3)}=\frac{A}{(x+1)}+\frac{B}{(x+1)^2}+\frac{C}{(x+3)}$$

সুতরাং, $$3x-2=A(x+1)(x+3)+B(x+3)+C(x+1)^2$$

$$3x-2=A\left(x^2+4x+3\right)+B(x+3)+C\left(x^2+2x+1\right)$$

x^2, x এবং ধ্রুবকের সহগ উভয় দিকে তুলনা করে পাই,

$A+C=0$,

$4A+B+2C=3$ এবং

$3A+3B+C=-2$

এই সমীকরণগুলি সমাধান করে, আমরা পাই $A=\frac{11}{4}, B=-\frac{5}{2}$ এবং $C=-\frac{11}{4}$

সুতরাং, $$\frac{3x-2}{(x+1)^2(x+3)}=\frac{11}{4(x+1)}-\frac{5}{2(x+1)^2}-\frac{11}{4(x+3)}$$

উদাহরণ 21: $\frac{x^2}{(x^2+1)(x^2+4)}$ কে আংশিক ভগ্নাংশে রূপান্তর করো।

সমাধান: $\frac{x^2}{(x^2+1)(x^2+4)}$ ভগ্নাংশে $x^2=y$ বসিয়ে পাই

$$\frac{x^2}{(x^2+1)(x^2+4)} = \frac{y}{(y+1)(y+4)}$$

সুতরাং, আংশিক ভগ্নাংশের সারণী ব্যবহার করে, আমরা লিখি

$$\frac{y}{(y+1)(y+4)} = \frac{A}{y+1} + \frac{B}{y+4}$$

সুতরাং, $$y = A(y+4) + B(y+1)$$

y এবং ধ্রুবকের সহগ উভয় দিকে তুলনা করে পাই,

A + B = 1 এবং 4A + B = 0,

এই সমীকরণগুলি সমাধান করে, আমরা পাই $A = -\frac{1}{3},\ B = \frac{4}{3}$.

সুতরাং, ভগ্নাংশ হল $$\frac{y}{(y+1)(y+4)} = -\frac{1}{3(y+1)} + \frac{4}{3(y+4)}$$

বা $$\frac{x^2}{(x^2+1)(x^2+4)} = -\frac{1}{3(x^2+1)} + \frac{4}{3(x^2+4)}$$

উদাহরণ 22: $\frac{x^2+x+1}{(x+2)(x^2+1)}$ কে আংশিক ভগ্নাংশে রূপান্তর করো।

সমাধান: প্রদত্ত অপেক্ষক হল প্রকৃত বাস্তব অপেক্ষক। সুতরাং, আংশিক ভগ্নাংশের সারণী ব্যবহার করে, আমরা লিখি

$$\frac{x^2+x+1}{(x+2)(x^2+1)} = \frac{A}{x+2} + \frac{Bx+c}{x^2+1}$$

সুতরাং, $$x^2+x+1 = A(x^2+1) + (Bx+C)(x+2)$$

x^2, x এবং ধ্রুবকের সহগ উভয় দিকে তুলনা করে পাই,

A + B =1,

2B + C = 1 এবং

A + 2C = 1.

এই সমীকরণগুলি সমাধান করে, আমরা পাই $A=\frac{3}{5}, B=\frac{2}{5}$ এবং $=\frac{1}{5}$

সুতরাং, ভগ্নাংশ হল $$\frac{x^2+x+1}{(x+2)(x^2+1)}=\frac{3}{5(x+2)}+\frac{\frac{2}{5}x+\frac{1}{5}}{x^2+1}=\frac{3}{5(x+2)}+\frac{2x+1}{5(x^2+1)}$$

প্রয়োগ (বাস্তব জীবন ও শিল্পে)

নিয়ন্ত্রণ তত্ত্ব (Control Theory)

উদাহরণ-1: যখন নিয়ন্ত্রণ তত্ত্বের পদ্ধতিটি সময় ক্ষেত্র থেকে পুনরাবৃত্তির ক্ষেত্রে রূপান্তরিত হয় তখন ল্যাপ্লেস ট্রান্সফর্মের ভূমিকা শুরু হয়, এই রূপান্তরের সাথে পদ্ধতিটির স্থিতিশীলতা জটিল সমতলে মেরু এবং শূন্যের (poles and zeros) তত্ত্বের ভিত্তিতে বিশ্লেষণ করা হয়।

অবশিষ্টাংশের উপপাদ্য

উদাহরণ-2: মেরোমর্ফিক অপেক্ষকের রৈখিক অবকলনের মূল্যায়ন অবশিষ্টাংশের উপপাদ্যের উপর ভিত্তি করে হয় এবং এই উপপাদ্য বাস্তব অবকলন গণনা করতেও সাহায্য করে।

তড়িৎচুম্বকত্ব

উদাহরণ-3: তড়িৎ চুম্বকীয় তত্ত্বের বৈদ্যুতিক এবং চৌম্বকীয় ক্ষেত্রকে যথাক্রমে **বাস্তব** অংশ এবং কাল্পনিক অংশ হিসেবে নেওয়া যেতে পারে এবং সামগ্রিকভাবে এটিকে একটি জটিল সংখ্যা হিসেবে **ভাবা** যেতে পারে।

সিভিল এবং মেকানিক্যাল ইঞ্জিনিয়ারিং

উদাহরণ-4: জটিল সংখ্যার জ্যামিতিক এবং আর্গান্ড প্লেনের ধারণা ভবন নির্মাণ এবং গাড়ি তৈরিতে খুবই উপযোগী।

তরল গতিবিদ্যা

উদাহরণ-5: অ্যানালিটিক অপেক্ষক বা হলোমর্ফিক অপেক্ষক দ্বিমাত্রিক তলে সম্ভাব্য প্রবাহ বর্ণনা করতে ব্যবহার করা হয় যা শক্তি, মোমেন্ট এবং আবহাওয়ার পূর্বাভাস গণনা করতেও ব্যবহৃত হয়।

জ্যামিতি

উদাহরণ-6: জটিল সংখ্যার ধারণা ভগ্নাংশের **সরলীকরণে** ব্যবহৃত হয়। যেমন ম্যান্ডেলব্রট সেট এবং জুলিয়া সেট।

বৈদ্যুতিক প্রকৌশল

উদাহরণ-7: একটি দ্বি-মাত্রিক রাশি গাণিতিকভাবে একটি জটিল সংখ্যা দ্বারা উপস্থাপন করা যেতে পারে। বাস্তব এবং কাল্পনিক অংশ সহযোগে একটি জটিল সংখ্যা গঠিত হয়। উদাহরণ স্বরূপ, একটি বাড়িতে "এসি" ভোল্টেজের দুটি পরামিতি (parameter) প্রয়োজন।

সংকেত বিশ্লেষণ

উদাহরণ-8: সংকেত বিশ্লেষণে জটিল সংখ্যা ব্যবহার করা হয়। একটি নির্দিষ্ট তরঙ্গ দৈর্ঘ্যের সাইন কার্ভ এর জন্য, পরম মান $|z|$, সংশ্লিষ্ট z হল প্রশস্ততা এবং আর্গ (z) হল পর্যায়।

কলনবিদ্যায় বাস্তব অপেক্ষক

উদাহরণ-9: বাস্তব অভিব্যক্তি যুক্ত সমাকলণে আংশিক ভগ্নাংশ ব্যবহার করে মান বের করা যেতে পারে।

অবকল সমীকরণ

উদাহরণ-10: অবকল সমীকরণের তত্ত্বে ইনভার্স ল্যাপ্লেস ট্রান্সফর্ম খুঁজে পেতে আংশিক ভগ্নাংশ ব্যবহার করা যেতে পারে।

ইউনটিরে সারাংশ

এই ইউনিটে প্রথম বিভাগটি একটি জটিল সংখ্যার বাস্তব এবং কাল্পনিক অংশ সংজ্ঞায়িত করার জন্য, জটিল সংখ্যার পোলার এবং কার্টেশিয়ান রূপে প্রকাশ করার জন্য এবং এক রূপ থেকে অন্য রূপে রূপান্তরের জন্য নিবেদিত। পরবর্তী বিভাগগুলি একটি জটিল সংখ্যার অনুবন্ধী জটিল সংখ্যা, মডুলাস এবং প্রশস্ততা এবং জটিল সংখ্যার সাথে মৌলিক গাণিতিক যোগ এবং বিভাজনের আরও সুনির্দিষ্ট সংজ্ঞা নিয়ে কাজ করে। উদাহরণ স্বরূপ, গুণনকে জ্যামিতিকভাবে বর্ণনা করা। বীজগাণিতিক এবং জ্যামিতিক বৈশিষ্ট্যগুলিও আলোচনা করা হয়েছে। সর্বশেষ বিভাগে বহুপদী ভগ্নাংশের সংজ্ঞা, প্রকৃত এবং অপ্রকৃত ভগ্নাংশ, আংশিক ভগ্নাংশের সংজ্ঞা এবং সংজ্ঞা ভিত্তিক তাদের প্রয়োগ নিয়ে আলোচনা করা হয়েছে। জটিল সংখ্যার মূল ধারণা এবং প্রয়োগকে শক্তিশালী করার জন্য নতুন কিছু উদাহরণ দেওয়া হয়েছে। আরো নতুন কিছু মৌখিক প্রশ্ন দেওয়া হয়েছে যা মূল পদের ধারণামূলক মূল্যায়ন করতে সাহায্য করবে। অন্যদিকে, বীজগণিতের সমস্যাগুলি শিক্ষার্থীদের বীজগাণিতিক সূত্রের যথাযথ প্রয়োগ করতে শেখায়। লেখচিত্র সম্পর্কিত সমস্যাগুলি শিক্ষার্থীদের লেখচিত্র বিশ্লেষণ এবং লেখচিত্র অঙ্কন এর দক্ষতা পরিমাপ করতে সহায়তা করে। শিক্ষার্থীরা গণনা করতে জানলে সংখ্যাসূচক সমস্যার সমাধান করতে পারবে। বাস্তব-জীবনের বিভিন্ন সমস্যার সমাধানে এগুলির প্রয়োগ আমরা দেখতে পাই।

অনুশীলনী

সঠিক উত্তর নির্বাচন ধর্মী প্রশ্ন

1. যদি n একটি ইতিবাচক পূর্ণসংখ্যা হয়, তাহলে নিচের কোন সম্পর্কটি মিথ্যা।

   (a) $i^{4n} = 1$ (b) $i^{4n-1} = i$

   (c) $i^{4n+1} = i$ (d) $i^{-4n} = 1$

2. যদি n একটি ইতিবাচক পূর্ণসংখ্যা হয়, তাহলে $\left(\frac{1+i}{1-i}\right)^{4n+1} = ?$

   (a) 1 (b) – 1

   (c) i (d) $-i$

3. যদি $\left(\frac{1+i}{1-i}\right)^{m} = 1$ হয়, তাহলে m এর সর্বনিম্ন অবিচ্ছেদ্য মান কত হবে?

   (a) 2 (b) 4

   (c)8 (d) কোনটাই নয়

4. যদি $(1-i)^n = 2^n$ হয়, তাহলে $n = ?$

(a) 1 (b) 0

(c) −1 (d) কোনটাই নয়

5. $(1+i)^5 \times (1-i)^5 = ?$

(a) − 8 (b) $8i$

(c) 8 (d) 32

6. $\left(\frac{1+i}{1-i}\right)^2 + \left(\frac{1-i}{1+i}\right)^2 = ?$

(a) $2i$ (b) $-2i$

(c) −2 (d) 2

7. $1+i^2+i^4+i^6+.....+i^{2n} = ?$

(a) ধনাত্মক (b) ঋণাত্মক

(c) 0 (d) নির্ধারণ করা যায় না

8. $i^2+i^4+i^6+......$ up to $(2n+1)$ terms =?

(a) i (b) $-i$

(c) 1 (d) −1

9. যদি $i=\sqrt{-1}$ হয়, তাহলে $1+i^2+i^3-i^6+i^8 = ?$

(a) $2-i$ (b) 1

(c) 3 (d) −1

10. যদি $i^2 = -1$ হয়, তাহলে $\sum_{n=1}^{200} i^n = ?$

(a) 50 (b) − 50

(c) 0 (d) 100

11. $\sum_{n=1}^{13}(i^n + i^{n+1}) = ?$, যেখানে $i=\sqrt{-1}$.

(a) i (b) $i-1$

(c) $-i$ (d) 0

12. সর্বনিম্ন ধনাত্মক পূর্ণসংখ্যা n যা $\left(\frac{i-1}{i+1}\right)^n$ কে একটি বাস্তব সংখ্যার রূপান্তরিত করে

(a)2 (b) 3

(c)4 (d) 5

13. $i^n + i^{n+1} + i^{n+2} + i^{n+3} = ?, (n \in N)$

(a)0 (b) 1

(c)2 (d) কোনটাই নয়

14. $(1+i)^8 + (1-i)^8 = ?$

(a)16 (b) – 16

(c)32 (d) – 32

15. $(1+i)^{10} = ?$, যদি $i^2 = -1$ হয়

(a)32 i (b) 64 + i

(c)24 i – 32 (d) কোনটাই নয়

জটিল সংখ্যার অনুবন্ধী মডুলাস এবং আর্গুমেন্ট উপর ভিত্তি করে সমস্যা

16. যদি $(a+ib)(c+id)(e+if)(g+ih) = A+iB$ হয়, তাহলে $(a^2+b^2)(c^2+d^2)(e^2+f^2)(g^2+h^2) = ?$

(a) $A^2 + B^2$ (b) $A^2 - B^2$

(c) A^2 (d) B^2

17. জটিল সংখ্যার z এর জন্য, $z+\bar{z}$ এবং $z\bar{z}$ এর একটি হল

(a) একটি বাস্তব সংখ্যা

(b) একটি কাল্পনিক সংখ্যা

(c) উভয়ই প্রকৃত সংখ্যা

(d) উভয়ই কাল্পনিক সংখ্যা

18. x এবং y এর মান যার জন্য $3+ix^2y$ এবং x^2+y+4i অনুবন্ধী জটিল রাশি হতে পারে

(a) $(-2,-1)$ বা $(2,-1)$ (b) $(-1, 2)$ বা $(-2, 1)$

(c) $(1,2)$ বা $(-1,-2)$ (d) কোনটাই নয়

19. যদি $z = 3+5i$, then $z^3 + \overline{z} + 198 = ?$

(a) $-3-5i$ (b) $-3+5i$

(c) $3+5i$ (d) $3-5i$

20. $\frac{2-3i}{4-i}$ এর প্রতিযোগী জটিল রাশি কোনটি?

(a) $\frac{3i}{4}$ (b) $\frac{11+10i}{17}$

(c) $\frac{11-10i}{17}$ (d) $\frac{2+3i}{4i}$

21. 1 + i এর প্রতিযোগী জটিল রাশি কোনটি?

(a) i (b) 1

(c) 1 – i (d) 1 + i

22. $\left|(1+i)\frac{(2+i)}{(3+i)}\right| = ?$

(a) $-\frac{1}{2}$ (b) $\frac{1}{2}$

(c) 1 (d) -1

23. $arg(5-\sqrt{3}i) = ?$

(a) $\tan^{-1}\frac{5}{\sqrt{3}}$ (b) $\tan^{-1}\left(-\frac{5}{\sqrt{3}}\right)$

(c) $\tan^{-1}\frac{\sqrt{3}}{5}$ (d) $\tan^{-1}\left(-\frac{\sqrt{3}}{5}\right)$

24. $\frac{1+i}{1-i}$ এর আর্গুমেন্ট এবং মডুলাস যথাক্রমে

(a) $\frac{-\pi}{2}$ এবং 1 (b) $\frac{\pi}{2}$ এবং $\sqrt{2}$

(c) 0 এবং $\sqrt{2}$ (d) $\frac{\pi}{2}$ এবং 1

25. $arg\left(\frac{3+i}{2-i}+\frac{3-i}{2+i}\right) = ?$

(a) $\frac{\pi}{2}$ (b) $-\frac{\pi}{2}$

(c) 0 (d) $\frac{\pi}{4}$

26. যদি $x+iy=\sqrt{\dfrac{a+ib}{c+id}}$ হয়, তাহলে

(a) $\dfrac{a^2+b^2}{c^2+d^2}$ (b) $\dfrac{a+b}{c+d}$

(c) $\dfrac{c^2+d^2}{a^2+b^2}$ (d) $\left(\dfrac{a^2+b^2}{c^2+d^2}\right)^2$

27. $|1-i|^x=2^x$ সমীকরণের অ-শূন্য অবিচ্ছেদ্য সমাধানের সংখ্যা হল

(a) ∞ (b) 1

(c) 2 (d) কোনটাই নয়

ডি-মইভ্রে এর তত্ত্বের উপর ভিত্তি করে সমস্যা

28. $\sqrt{i}=?$

(a) $\dfrac{1\pm i}{\sqrt{2}}$ (b) $\pm\dfrac{1-i}{\sqrt{2}}$

(c) $\pm\dfrac{1+i}{\sqrt{2}}$ (d) কোনটাই নয়

29. $\left(\dfrac{\cos\theta+i\sin\theta}{\sin\theta+i\cos\theta}\right)^4=?$

(a) $\sin 8\theta-i\cos 8\theta$ (b) $\cos 8\theta-i\sin 8\theta$

(c) $\sin 8\theta+i\cos 8\theta$ (d) $\cos 8\theta+i\sin 8\theta$

30. $(-\sqrt{3}+i)^{53}=?$ যেখানে $i^2=-1$.

(a) $2^{53}(\sqrt{3}+2i)$ (b) $2^{52}(\sqrt{3}-i)$

(c) $2^{53}\left(\dfrac{\sqrt{3}}{2}+\dfrac{1}{2}i\right)$ (d) $2^{53}(\sqrt{3}-i)$

সঠিক উত্তর নির্বাচন ধর্মী প্রশ্নের উত্তর									
1.	b	2.	c	3.	b	4.	b	5.	d
6.	c	7.	d	8.	d	9.	a	10.	c
11.	b	12.	a	13.	a	14.	c	15.	a
16.	a	17.	c	18.	a	19.	c	20.	b
21.	c	22.	c	23.	d	24.	d	25.	c
26.	a	27.	d	28.	c	29.	d	30.	c

বিষয় ভিত্তিক সংক্ষিপ্ত এবং রচনাধর্মী প্রশ্ন

Q.1 নিম্নোক্ত জটিল রাশি গুলির বাস্তব এবং কাল্পনিক অংশগুলি নির্ণয় করো।

(i) $\sqrt{-16}+\sqrt{-3}$ (ii) $\frac{3}{2}i-\frac{1}{\sqrt{2}}$ (ii) $2+i-\sqrt{3}i$

Q.2 নির্দেশিত ক্রিয়াকলাপগুলি সম্পাদন কর এবং $x+iy$ আকারে উত্তরটি লিখ যেখানে $x, y \in R$.

(i) $(3+2i)^3$ (ii) $(\sqrt{2}+3i)(\sqrt{2}-3i)^2+(3+2i)$ (iii) $\frac{(2+3i)(1-i)}{(1+2i)(2+i)}$

(iv) $\left(\frac{i}{3}+2\right)^2$ (v) $(\sqrt{6}+3i)(\sqrt{6}-2i)\left(\frac{1}{\sqrt{6}}+i\sqrt{6}\right)$ (vi) $\frac{(1-i)}{(1+i)^2}$

Q.3 নিম্নলিখিতগুলির মডুলাস (মাত্রা) নির্ণয় করো।

(i) $-2+i\sqrt{5}$ (ii) $\frac{1}{2}+3i$ (iii) $(1+i)(17+7i)$

Q.4 নিম্নোক্ত জটিল রাশিগুলোর অনুবন্ধী জটিল রাশি বের করো।

(i) $\frac{(2-3i)(6-i)}{(1-i)}$ (ii) $\frac{-3+2i}{4-5i}$ (iii) $\frac{2-\sqrt{-25}}{1-\sqrt{-16}}$

Q.5 নিম্নোক্ত জটিল রাশিগুলোর গুণগত বিপরীত (multiplicative inverse) বের করো।

(i) $(1-3i)^2$ (ii) $\frac{4+3i}{5-3i}$ (iii) $\sqrt{5}+3i$

Q.6 নিম্নোক্ত জটিল রাশিগুলোর আর্গুমেন্ট (প্রশস্ততা) বের করো।

(i) $2+i$ (ii) $3i$ (iii) $\sqrt{3}+i$

Q.7 নিম্নোক্ত জটিল সংখ্যার কার্টেসিয়ান থেকে পোলার আকারে রূপান্তর কর।

(i) i (ii) $-1+i$ (iii) $2\sqrt{3}-2i$

Q. 8 দুটি জটিল সংখ্যা $z_1 = x_1 + iy_1$ এবং $z_2 = x_2 + iy_2$ এর জন্য প্রমাণ করো

(i) $\operatorname{Re}(z_1 + z_2) = \operatorname{Re}(z_1) + \operatorname{Re}(z_2)$

(ii) $\operatorname{Im}(z_1 \cdot z_2) = \operatorname{Re}(z_1)\operatorname{Im}(z_2) + \operatorname{Im}(z_1)\operatorname{Re}(z_2)$

(iii) $(z_1 + z_2)^2 = (z_1)^2 + 2z_1z_2 + (z_2)^2$

Q. 9 দুটি জটিল সংখ্যা $z_1 = 2 + 3i$ এবং $z_2 = 5 + 12i$ এর জন্য প্রমাণ করো $\left|\dfrac{z_1}{z_2}\right| = \dfrac{|z_1|}{|z_2|}$ ।

Q. 10 যদি $1 + 4\sqrt{3i} = (b + ai)^2$ হয়, তাহলে প্রমাণ করো যে $b^2 - a^2 = 1$

এবং $ab = 2\sqrt{3}$.

Q. 11 প্রমাণ করো, যদি z যেকোনো একটি জটিল রাশি হয় যেখানে $|z| = 1$ তাহলে $\dfrac{z-1}{z+1}$ এর মান শূন্য কিংবা বিশুদ্ধ কাল্পনিক সংখ্যা হয়।

Q. 12 যেকোন জটিল রাশি z এর জন্য প্রমাণ করো যে $arg\,\overline{z} = 2\pi - \arg z, z \neq 0.$

Q. 13 De Moivre এর উপপাদ্য ব্যবহার করে নিচের বিষয়টি সহজ কর।

(i) $$\frac{(\cos\theta + i\sin\theta)^6(\cos 5\theta + i\sin 5\theta)}{(\cos 4\theta + i\sin 4\theta)^2}$$

(ii) $$\frac{(\cos 4\theta + i\sin 4\theta)^2(\cos 3\theta - i\sin 3\theta)^3}{(\cos 2\theta - i\sin 2\theta)^3(\cos 5\theta + i\sin 5\theta)}$$

Q. 14 প্রমাণ করো যে

$$(1+i)^n + (1-i)^n = 2^{\frac{n}{2}+1}\cos\left(\frac{n\pi}{4}\right), n > 0$$

Q. 15 প্রমাণ করো যে

$$(1 + \cos\theta + i\sin\theta)^n = 2^n\cos^n\left(\frac{\theta}{2}\right)\left[\cos\left(\frac{n\theta}{2}\right) + i\sin\left(\frac{n\theta}{2}\right)\right], n > 0$$

Q. 16 প্রমাণ করো যে

$$\frac{1 - \cos\theta + i\sin\theta}{1 + \cos\theta + i\sin\theta} = ie^{-i\theta}\tan\left(\frac{\theta}{2}\right)$$

Q. 17 $\dfrac{x-1}{(x+1)(x-2)}$ কে আংশিক ভগ্নাংশে রূপান্তর করো।

Q. 18 $\dfrac{2x-1}{(x-1)(x+2)(x-3)}$ কে আংশিক ভগ্নাংশে রূপান্তর করো।

Q. 19 $\dfrac{3x+2}{(x-1)(x-2)(x-3)}$ কে আংশিক ভগ্নাংশে রূপান্তর করো।

Q. 20 $\dfrac{x^3-6x^2+10x-2}{x^2-5x+6}$ কে আংশিক ভগ্নাংশে রূপান্তর করো।

Q. 21 $\dfrac{3x+1}{(x-2)^2(x+2)}$ কে আংশিক ভগ্নাংশে রূপান্তর করো।

Q. 22 $\dfrac{x^2+1}{(x-1)^2(x+3)}$ কে আংশিক ভগ্নাংশে রূপান্তর করো।

Q. 23 $\dfrac{2x-3}{(x-1)^2(x+1)(x+2)}$ কে আংশিক ভগ্নাংশে রূপান্তর করো।

Q. 24 $\dfrac{2x-1}{(x+1)(x^2+2)}$ কে আংশিক ভগ্নাংশে রূপান্তর করো।

Q. 25 $\dfrac{8}{(x+2)(x^2+4)}$ কে আংশিক ভগ্নাংশে রূপান্তর করো।

Q. 26 $\dfrac{x}{(x-1)(x^2+4)}$ কে আংশিক ভগ্নাংশে রূপান্তর করো।

সংক্ষিপ্ত এবং রচনাধর্মী প্রশ্নের উত্তর

Q.1 **(i)** $\text{Re}(z)=0 \textit{ and } \text{Im}(z)=4+\sqrt{3}$

(ii) $\text{Re}(z) = \frac{-1}{\sqrt{2}}$ *and* $\text{Im}(z) = \frac{3}{2}$

(iii) $\text{Re}(z) = 2$ *and* $\text{Im}(z) = 1 - \sqrt{3}$

Q.2 (i) $-9 + 46i$ (ii) $\left(11\sqrt{2} + 3\right) - 31i$ (iii) $\frac{1}{5} - i$

(iv) $\frac{35}{9} + \frac{4}{3}i$ (v) $-6 + i$ (vi) $-\frac{1}{2} - \frac{1}{2}i$

Q.3 (i) 3 (ii) $\frac{\sqrt{37}}{2}$ (iii) 26

Q.4 (i) $-\frac{11}{\sqrt{2}} + \frac{11}{\sqrt{2}}i$ (ii) $-\frac{6}{5} - \frac{17}{5}i$ (iii) $-\frac{14}{5} + \frac{17}{5}i$

Q.5 (i) $\frac{2}{25} + \frac{3}{50}i$ (ii) $\frac{11}{25} - \frac{27}{25}i$ (iii) $\frac{\sqrt{5}}{14} - \frac{3}{14}i$

Q.6 (i) $\tan^{-1}\left(\frac{1}{2}\right)$ (ii) $\frac{\pi}{2}$ (iii) $\frac{11\pi}{6}$

Q.7 (i) $\left(\cos\frac{\pi}{2} + i\sin\frac{\pi}{2}\right)$ (ii) $\sqrt{2}\left(\cos\frac{3\pi}{4} + i\sin\frac{3\pi}{4}\right)$ (iii) $4\left(\cos\frac{11\pi}{6} + i\sin\frac{11\pi}{6}\right)$

Q.10 True

Q.13 (i) $\cos 3\theta + i\sin 3\theta$ (ii) 1

Q.17 $\frac{2}{3(x+1)} + \frac{1}{3(x-2)}$

Q.18 $-\frac{1}{6(x-1)} - \frac{1}{3(x+2)} + \frac{1}{2(x-3)}$

Q.19 $\frac{5}{2(x-1)}-\frac{8}{x-2}+\frac{11}{2(x-3)}$

Q.20 $(x-1)-\frac{2}{x-2}+\frac{1}{x-3}$

Q.21 $\frac{5}{16(x-2)}+\frac{7}{4(x-2)^2}-\frac{5}{16(x+2)}$

Q.22 $\frac{3}{8(x-1)}+\frac{1}{2(x-1)^2}+\frac{5}{8(x+3)}$

Q.23 $\frac{13}{36(x-1)}+\frac{1}{6(x-1)^2}+\frac{5}{4(x+1)}+\frac{8}{9(x+2)}$

Q.24 $-\frac{1}{x+1}+\frac{x+1}{x^2+2}$

Q.25 $\frac{1}{x+2}+\frac{-x+2}{x^2+4}$

Q.26 $\frac{1}{5(x-1)}+\frac{-x+4}{5(x^2+4)}$

আরও জানো

- জটিল রাশি।
- জটিল রাশি এবং আংশিক ভগ্নাংশ কিভাবে আমাদের দৈনন্দিন জীবনে কাজে লাগে?
- বাস্তব সংখ্যার সেট সম্প্রসারণের প্রয়োজনীয়তা উপলব্ধি করা।
- জটিল সমতল এবং Riemann গোলকের ধারণা।
- দৈনন্দিন জীবনে গাণিতিক চিন্তা কেন মূল্যবান।

- ➢ অনলাইন শিক্ষায় স্থানান্তর।
- ➢ জটিল সংখ্যা এবং এর বীজগণিত শেখার সহজ উপায়।
- ➢ কোন গণনা সহজে এবং কম সময়ে করা।
- ➢ শিক্ষকদেরজন্য অনলাইন শিক্ষাসরঞ্জাম।
- ➢ সমালোচনামূলকচিন্তাভাবনা শেখানো
- ➢ স্টেম এডুকেশন।

ছোট প্রকল্প:

i. জটিল সংখ্যার ধারণার উপর ভিত্তি করে একটি গাণিতিক বিষয়ের পরিপক্ক মৌখিক উপস্থাপনা তৈরি কর।

ii. “মানুষ জটিল সংখ্যাকে অবাস্তব, কল্পনাপ্রবণ বলে মনে করেছিল” মন্তব্যটির উপর একটি কেস স্টাডি প্রস্তুত কর।

অনুসন্ধিৎসা এবং আগ্রহ সৃষ্টিকারী বিষয়

i. বাস্তব কোন রাশি কে বাস্তব সংখ্যার পরিবর্তে কিভাবে জটিল সংখ্যার দ্বারা স্বাভাবিক ভাবে বর্ণনা করা যায়?

ii. যদি আমরা ঋণাত্মক সংখ্যার বর্গমূল বের করার চেষ্টা করি তাহলে কি হবে?

iii. যদি বাস্তব সংখ্যার সিস্টেমটি একটি নতুন সিস্টেমে প্রসারিত করা হয় তবে কি এটি অবশ্যই একটি জটিল সংখ্যার সিস্টেম হবে?

iv. একটি নির্দিষ্ট কাজ কিভাবে এবং কেন ঋণাত্মক সংখ্যার বর্গমূল ব্যবহার করা হয়?

v. জ্যামিতিক এবং কাল্পনিক সংখ্যার মধ্যে কোন ধরনের সম্পর্ক তৈরি করা যায়?

vi. একটি বৈদ্যুতিন সার্কিটের একটি উপাদান একটি জটিল সংখ্যা দ্বারা পরিমাপ করা যায় কিনা?

vii. উপরের প্রশ্নগুলি ছাড়াও, জটিল সংখ্যার ধারণা জ্যামিতিতে ব্যবহৃত হয়, বীজগণিত সংখ্যা তত্ত্ব, বিশ্লেষণাত্মক সংখ্যা তত্ত্ব, অপ্রকৃত সমা কলন, গতির সমীকরণ, ফলিত গণিত এবং পদার্থবিদ্যাতেও ব্যবহৃত হয়।

রেফারেন্স এবং প্রস্তাবিত রিডিং

1. E. Krezig, Advanced Engineering Mathematics, 10th Edition, Wiley, 2015.
2. H. K. Das, Advanced Engineering Mathematics, S. Chand & Co, New Delhi, 2007.
3. B. S. Grewal,*Higher Engineering Mathematics,*Khanna Publication, New Delhi ,2015.
4. S. S. Sastry,*Engineering Mathematics, Volume 1*, PHI Learning, New Delhi, 2009.
5. Alan Jeffrey, Advanced *Engineering Mathematics,* Harcourt/Academic Press, 2002, USA.
6. M.P. Trivedi and P.Y. Trivedi, Consider Dimension and Replace Pi, Notion Press, 2018.

7. www.scilab.org/ -SCI Lab
8. https://grafeq.en.downloadastro.com/- Graph Eq^n 2.13
9. https://www.geogebra.org- Geo Gebra
10. http://www.ebookpdf.net/_engineering-application-of-complex-number-(pdf)_ebook_.html.
11. https://issuu.com/harrowhongkong/docs/final_scientific_harrovian_issue_vi-i/s/11488755
12. https://math.microsoft.com
13. http://euclideanspace.com
14. https://www.youtube.com/watch?v=f079K1f2WQk
15. Ball, W.W. Rouse. A Short Account of the History of Mathematics. London: Sterling Publications, 2002.
16. Bittinger, Marvin L., and David Ellenbogen. Intermediate Algebra: Concepts and Applications. 6th ed. Reading, MA: Addison-Wesley Publishing, 2001.

5 বিন্যাস ও সমবায় এবং দ্বিপদী উপপাদ্য

ইউনিট বিশেষত্ব

এই ইউনিট বিস্তারিতভাবে নিম্নলিখিত বিষয়গুলি নিয়ে আলোচনা করে:

- বিন্যাস ও সমবায়;
- ${}^nP_r$ এবং ${}^nC_r$ এর মান;
- ধনাত্মক অবিচ্ছেদ্য সূচকের জন্য দ্বিপদী উপপাদ্য (প্রমাণ ছাড়া);
- যেকোন সূচকের জন্য দ্বিপদী উপপাদ্য (প্রমাণ ছাড়া সম্প্রসারণ);
- প্রথম এবং দ্বিতীয় দ্বিপদী আনুমানিকতা এবং প্রাকৌশলিক সমস্যায় তাদের প্রয়োগ;

প্রয়োগ-ভিত্তিক সমস্যাগুলি আরও কৌতূহল এবং সৃজনশীলতা সৃষ্টির পাশাপাশি সমস্যা সমাধানের ক্ষমতা উন্নত করার জন্য আলোচনা করা হয়।

এই ইউনিটে ব্লুমের শ্রেণীবিন্যাসের নিম্ন এবং উচ্চতর স্তর অনুসারে সঠিক উত্তর নির্বাচন ধর্মী প্রশ্নের পাশাপাশি সংক্ষিপ্ত এবং রচনাধর্মী প্রশ্নগুলি দেওয়া হয়েছে এবং কিছু সংখ্যাসূচক সমস্যা, রেফারেন্সের একটি তালিকা এবং প্রস্তাবিত রিডিং দেওয়া হয়েছে যাতে শিক্ষার্থীরা অনুশীলনের মাধ্যমে নিজেদের দক্ষতা বৃদ্ধি করতে পারে।

বিষয়বস্তুর উপর ভিত্তি করে, "আরও জানো" বিভাগ যোগ করা হয়েছে। এই অংশটি ভেবেচিন্তে পরিকল্পনা করা হয়েছে যাতে এই অংশে প্রদত্ত সম্পূরক তথ্য বইটির ব্যবহারকারীদের জন্য উপকারী হয়। এই বিভাগটি প্রধানত বিন্যাস ও সমবায় অধ্যয়নের প্রয়োজনীয়তা, কিভাবে দ্বিপদী উপপাদ্য এবং এর সহগ আমাদের দৈনন্দিন জীবনে ব্যবহার করা হয় সে সম্পর্কে কিছু মজার তথ্য, নিদর্শন এবং সম্পর্কের ন্যায্যতা ও সাধারণীকরণের মাধ্যমে গাণিতিক যুক্তির ব্যবহার, সমসাময়িক অ-গাণিতিক ঘটনার সাথে ঐতিহাসিক প্রেক্ষাপটে গণিতের বিকাশ, কিভাবে গণিতের উপর ভিত্তি করে বিভিন্ন সমস্যাগুলি অজানা পরিসরে ব্যবহার করা যেতে পারে, বিন্যাস ও সমবায় এবং এর বীজগণিত শেখার সহজ উপায়, দ্বিপদী তত্ত্ব এবং এর সহগের উদ্ভাবন কেন করা হয়েছিল, বিন্যাস ও সমবায় স্বজ্ঞাতভাবে শেখা ইত্যাদি শিক্ষণ এবং শেখার উপর আলোকপাত করে।

অন্যদিকে, এই ইউনিটের অন্তর্ভুক্ত প্রস্তাবিত মাইক্রো প্রকল্প এবং কিছু বুদ্ধিদীপ্ত প্রশ্ন বিষয়টির জন্য অনুসন্ধিৎসা এবং আগ্রহ তৈরি করে।

যৌক্তিকতা

সমবায় তত্ত্ব হল একটি অগ্রণী গণিত শাখা, যা বহু ক্ষেত্রের, যেমন বিন্যাস ও সমবায়ের সমন্বয়মূলক ক্রম গঠন করে। এই তত্ত্বের মৌলিক প্রকৃতি এবং ব্যবহারিক প্রয়োগের গুরুত্বের কারণে ব্যাপকভাবে অধ্যয়ন করা হয়। বিন্যাস এবং সমবায় সব সময় কার্যকর হয় যখন আমরা বাস্তব জগতের জিনিসগুলি নিয়ে চিন্তা করি। বিন্যাস তত্ত্ব হল বিশ্বের বিভিন্ন জিনিস গুলো অন্য দৃষ্টিভঙ্গিতে দেখার একটি ভিন্ন উপায়। বিন্যাস এবং সমবায় হল সম্ভাবনা তত্বের সবচেয়ে মৌলিক বিষয়। এগুলি পরিসংখ্যানের ক্ষেত্রে অত্যন্ত মূল্যবান, এবং সেইজন্য গণিতের সমস্ত অংশে এবং বাস্তব জীবনে শিক্ষার্থীদের শেখার জন্য একটি গুরুত্বপূর্ণ বিষয় হয়ে উঠছে। আমাদের চারপাশের বিশ্বকে বোঝার জন্য বিন্যাস এবং সমবায় অধ্যয়ন করা অপরিহার্য কারণ এই দুটি পদ্ধতি আমাদের কোনও সম্ভাবনাকে উপেক্ষা না করে আরও ভাল ভাবে বিশ্লেষণ করতে সহায়তা করে। বিন্যাসের ক্ষেত্রে ব্যবহৃত রাশি বা উপাদানগুলোর অর্ডার বা ক্রম খুবই গুরুত্বপূর্ণ। অন্যদিকে, সমবায়ের ক্ষেত্রে ব্যবহৃত রাশি বা উপাদানগুলোর অর্ডার বা ক্রম গুরুত্বপূর্ণ নয়।

দ্বিপদী উপপাদ্যের অসংখ্য প্রয়োগ রয়েছে যা বোঝার সহজতার কারণে অর্থনীতিতে বা আবহাওয়ার পূর্বাভাস দেওয়ার জন্য ব্যবহার করা হয়। উচ্চতর গণিত বা পদার্থবিজ্ঞানে এর বিস্তৃত ব্যাবহারের জন্য এই উপপাদ্যের প্রয়োজনীয়তা অপরিসীম।

পূর্ব জ্ঞানের-প্রয়োজনীয়তা

- বীজগাণিতিক অভিব্যক্তি সরল করার জন্য প্রাথমিক দক্ষতা।
- বন্ধনী সম্প্রসারিত করা।
- রৈখিক এবং দ্বিঘাত সমীকরণ এর উৎপাদক বিশ্লেষণ ।
- বহুপদ নিয়ে কাজ করার কিছু অভিজ্ঞতা।
- বীজগাণিতিক কৌশলগুলির সাথে পরিচিতি।
- প্রতিস্থাপন।

ইউনিট ফলাফল

U5-O1: ‘n’ সংখ্যক বিভিন্ন বস্তু থেকে একত্রে ‘r’ সংখ্যক বস্তু নিয়ে গঠিত বিন্যাস সংখ্যা এবং সমবায় সংখ্যা নির্ণয়।

U5-O2: গণনার সমস্যা সমাধানের জন্য বিন্যাস এবং সমবায় এর সূত্রাবলী প্রয়োগ।

U5-O3: সূত্র দ্বারা দ্বিপদী সহগ গণনা।

U5-O4: কোন ধনাত্মক পূর্ণ সংখ্যার ঘাত যুক্ত দ্বিপদী অভিব্যক্তিগুলি প্রসারিত করতে দ্বিপদী উপপাদ্যের ব্যবহার।

U5-O5: আনুমানিকতা খুঁজে পেতে দ্বিপদী উপপাদ্যের ব্যবহার।

কোর্স ফলাফলের সাথে ইউনিট ফলাফলের সমন্বয়। একটি নমুনা ম্যাট্রিক্স নীচে দেওয়া হল :

ইউনিট-5 ফলাফল	কোর্স ফলাফলের সাথে ইউনিট ফলাফলের সমন্বয় *(1- দুর্বল পারস্পরিক সম্পর্ক; 2- মাঝারি পারস্পরিক সম্পর্ক; 3- দৃঢ় পারস্পরিক সম্পর্ক)*						
	CO-1	CO-2	CO-3	CO-4	CO-5	CO-6	CO-7
U5-O1	-	-	-	-	2	1	3

ইউনিট-5 ফলাফল	কোর্স ফলাফলের সাথে ইউনিট ফলাফলের সমন্বয় *(1- দুর্বল পারস্পরিক সম্পর্ক; 2- মাঝারি পারস্পরিক সম্পর্ক; 3- দৃঢ় পারস্পরিক সম্পর্ক)*						
	CO-1	CO-2	CO-3	CO-4	CO-5	CO-6	CO-7
U5-O2	-	-	-	1	2	1	3
U5-O3	-	-	-	-	1	-	3
U5-O4	-	-	-	1	2	1	3
U5-O5	-	-	-	1	2	1	3

5.1 গণনার মৌলিক নীতি

5.1.1 গুননের মূলনীতি

আমরা নিম্নলিখিত সমস্যাটি বিবেচনা করি। মোহনের 3 টি প্যান্ট এবং 2 টি শার্ট রয়েছে। একটি প্যান্ট এবং শার্টের কতগুলি ভিন্ন জোড়া সে সাজতে পারে? প্যান্ট বেছে নেওয়ার 3 টি উপায় আছে, কারণ সেখানে 3 টি প্যান্ট আছে। একইভাবে, একটি শার্ট 2 টি উপায়ে নির্বাচন করা যেতে পারে। প্যান্টের প্রতিটি পছন্দের জন্য, একটি শার্টের 2 টি পছন্দ রয়েছে। অতএব, একটি প্যান্ট এবং একটি শার্টের $3 \times 2 = 6$ জোড়া রয়েছে। ধরা যাক তিনটি প্যান্টের নাম P_1, P_2, P_3 এবং দুটি শার্টের নাম S_1, S_2। তাহলে, এই ছয়টি সম্ভাব্যতা নিম্নোক্ত ভাবে চিত্রিত করা যেতে পারে।

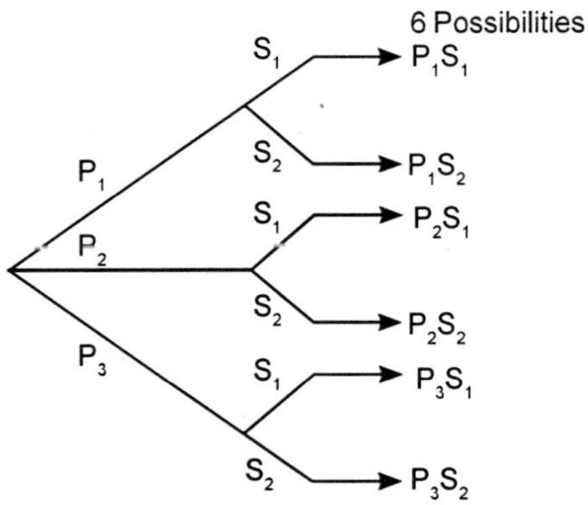

Fig. 5.1: Possibility Showing Multiplication-1

একই ধরণের আরেকটি সমস্যা বিবেচনা করি। শবনমের 2 টি স্কুল ব্যাগ, 3 টি টিফিন বক্স আছে এবং ২ টি জলের বোতল। সে কতগুলি উপায়ে এই জিনিসগুলি বহন করতে পারে (প্রতিটি একটি বেছে নেওয়া)। একটি স্কুল ব্যাগ দুটি ভিন্ন উপায়ে বেছে নেওয়া যেতে পারে। একটি স্কুল ব্যাগ বেছে নেওয়ার পর, একটি টিফিন বক্স 3 টি ভিন্ন উপায়ে বেছে নেওয়া যেতে পারে। সুতরাং, $2 \times 3 = 6$ জোড়া স্কুল ব্যাগ এবং একটি টিফিন বক্স রয়েছে। এই জোড়াগুলির প্রত্যেকটির জন্য একটি জলের বোতল 2 টি ভিন্ন উপায়ে বেছে নেওয়া যেতে পারে। অতএব, $6 \times 2 = 12$ বিভিন্ন উপায়ে শবনম এই জিনিসগুলি স্কুলে নিয়ে যেতে পারে। যদি আমরা 2 টি স্কুল ব্যাগকে B_1, B_2, তিনটি টিফিন বক্সকে T_1, T_2, T_3 এবং দুটি জলের বোতলকে W_1, W_2 নামে নামকরণ করি, তাহলে এই সম্ভাব্যতাগুলি নিম্নোক্ত ভাবে চিত্রিত করা যেতে পারে।

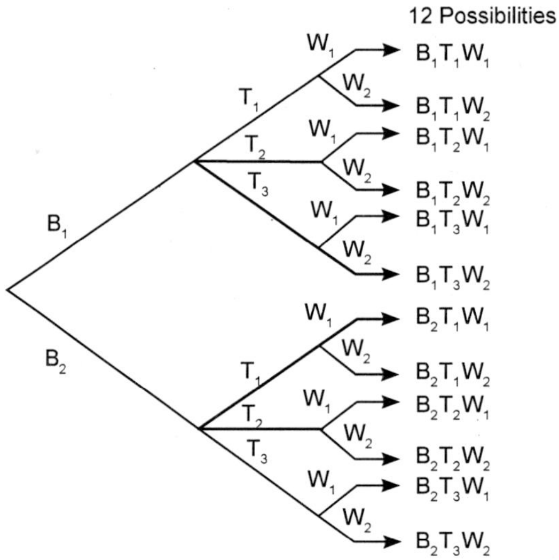

Fig. 5.2: Possibility Showing Multiplication-2

প্রকৃতপক্ষে, উপরোক্ত প্রকারের সমস্যাগুলি নিম্নলিখিত নীতি প্রয়োগের মাধ্যমে সমাধান করা হয়, যা গুননের মূলনীতি হিসাবে পরিচিত

"যদি একটি ঘটনা m বিভিন্ন উপায়ে ঘটতে পারে, যার পরে অন্য একটি ঘটনা n ভিন্ন উপায়ে ঘটতে পারে, তাহলে প্রদত্ত ক্রমে ঘটনাবলীর মোট সংখ্যা $m \times n$ হয়"।

প্রকৃতপক্ষে, উপরোক্ত প্রকারের সমস্যাগুলি নিম্নলিখিত নীতি প্রয়োগের মাধ্যমে সমাধান করা হয়, যা গুননের মূলনীতি হিসাবে পরিচিত

“যদি একটি ঘটনা m বিভিন্ন উপায়ে ঘটতে পারে, যার পরে অন্য একটি ঘটনা n ভিন্ন উপায়ে ঘটতে পারে, তাহলে প্রদত্ত ক্রমে ঘটনাবলীর মোট সংখ্যা $m \times n$ হয়”।

5.1.2 সংযোজনের মূলনীতি

প্রথম উদাহরণে প্রথম ঘটনা হল শার্ট নির্বাচন করা, তাই এটি শার্ট S_1 বা S_2 বা S_3 হিসাবে বেছে নেওয়া যেতে পারে এখানে উপায়গুলির সংখ্যা 1+1+1 = 3 তাই এখানে যোগের নীতি প্রয়োগ করা হয়। শার্ট পরার পরিবর্তে ধরা যাক মোহনের 5 টি টি-শার্টও ছিল তখন শার্ট বা টি-শার্ট পরার মোট উপায় 3+5 = ৪ হবে।

উদাহরণ 1: ROSE শব্দের অক্ষর থেকে গঠিত হতে পারে এমন 4 টি অক্ষরের শব্দের সংখ্যা খোঁজো, শব্দগুলো অর্থযুক্ত বা অর্থহীন যেকোনো হতে পারে, যেখানে অক্ষরগুলির পুনরাবৃত্তি অনুমোদিত নয়।

সমাধান: পুনরাবৃত্তির অনুমতি নেই, এই কথা মাথায় রেখে 4 অক্ষর দিয়ে 4 টি খালি জায়গা পূরণ করার মতো অনেক শব্দ আছে। 4 টি অক্ষর R, O, S, E এর মধ্যে যে কেউ 4 টি ভিন্ন উপায়ে প্রথম স্থানটি পূরণ করতে পারে। যা অনুসরণ করে, দ্বিতীয় স্থানটি বাকি 3 টি অক্ষরের যে কেউ 3 টি ভিন্ন উপায়ে পূরণ করতে পারে, যার পরে তৃতীয় স্থানটি 2 টি ভিন্ন উপায়ে পূরণ করা যেতে পারে; যা অনুসরণ করে, চতুর্থ স্থানটি 1 উপায়ে পূরণ করা যেতে পারে। এইভাবে, গুণের নীতি অনুসারে 4 টি স্থান পূরণ করা যায়, তার সংখ্যা হল $4 \times 3 \times 2 \times 1 = 24$. অতএব, শব্দের প্রয়োজনীয় সংখ্যা হল 24।

দ্রষ্টব্য: যদি অক্ষরগুলির পুনরাবৃত্তি অনুমোদিত হয়, তাহলে কতটি শব্দ গঠিত হতে পারে? কেউ সহজেই বুঝতে পারে যে 4 টি শূন্য স্থানের প্রত্যেকটি পর পর 4 টি ভিন্ন উপায়ে পূরণ করা যেতে পারে। অতএব, শব্দের প্রয়োজনীয় সংখ্যা = $4 \times 4 \times 4 \times 4 = 256$।

উদাহরণ 2: 1, 2, 3, 4, 5 অংক থেকে কতগুলি 2 সংখ্যার জোড় সংখ্যা তৈরি করা যায় যদি অঙ্কগুলো পুনরাবৃত্তি করা যায়?

সমাধান: পাঁচটি সংখ্যার দ্বারা পর পর 2 টি শূন্য স্থান পূরণ করার উপায়গুলির মতো অনেকগুলি উপায় থাকবে। এখানে, আমরা এককের জায়গা পূরণ করা শুরু করি, কারণ এই জায়গার বিকল্পগুলি কেবল 2 এবং 4, এবং এটি 2 উপায়ে করা যেতে পারে; যার পরে দশক এর স্থানটি 5 টি ডিজিটের মধ্যে 5 টি ভিন্ন উপায়ে পূরণ করা যেতে পারে কারণ সংখ্যাগুলি পুনরাবৃত্তি করা যায়। অতএব, গুণের নীতি অনুসারে, দুই অঙ্কের জোড় সংখ্যার প্রয়োজনীয় সংখ্যা 2×5, অর্থাৎ, 10।

5.2 বিন্যাস

পূর্ববর্তী অধ্যায়টির প্রথম উদাহরণে আমরা আসলে অক্ষরের বিভিন্ন সম্ভাব্য ব্যবস্থা যেমন ROSE, REOS, ... ইত্যাদি গণনা করেছি। এই তালিকায়, প্রতিটি ব্যবস্থা একে অপরের থেকে আলাদা। অন্য কথায়, অক্ষর লেখার ক্রম এখানে গুরুত্বপূর্ণ। প্রতিটি বিন্যাসকে বলা হয় 4 টি ভিন্ন ভিন্ন অক্ষরের বিন্যাস। এখন, যদি আমাদের 3-অক্ষরের শব্দের সংখ্যা নির্ণয় করতে হয়, অর্থ সহ বা ছাড়া, যা 'NUMBER' শব্দের অক্ষর থেকে গঠিত হতে পারে, যেখানে অক্ষরগুলির পুনরাবৃত্তি অনুমোদিত নয়, আমাদের ব্যবস্থাগুলি গণনা করতে হবে NUM , NMU, MUN, NUB, ..., ইত্যাদি। এখানে, 6 টি ভিন্ন অক্ষরের মধ্যে এককালীন 3 টি অক্ষর নিয়ে বিন্যাস করতে হবে। সুতরাং, শব্দের প্রয়োজনীয় সংখ্যা = $6 \times 5 \times 4 = 120$ (গুণের নীতি ব্যবহার করে) হবে।

যদি অক্ষরগুলির পুনরাবৃত্তি অনুমোদিত হয়, তাহলে শব্দের প্রয়োজনীয় সংখ্যা হবে $6 \times 6 \times 6 = 216$।

5.2.1 ভিন্ন বস্তুর জন্য বিন্যাস:

বস্তুগুলির পুনরাবৃত্তি না করে প্রদত্ত n সংখ্যক বিভিন্ন বস্তু থেকে একযোগে r সংখ্যক বস্তু নিয়ে বিন্যাস করলে বিন্যাস সংখ্যা হয় $n(n-1)(n-2)...(n-r+1)$, যেখানে $0 < r \le n$ এবং তা প্রকাশ করা হয় ^nP_r দ্বারা।

এই অভিব্যক্তিটি কষ্টকর এবং আমাদের একটি স্বরলিপি প্রয়োজন যা এই অভিব্যক্তির আকার কমাতে সাহায্য করবে। প্রতীক $n!$ (ফ্যাক্টরিয়াল n বা n ফ্যাক্টরিয়াল হিসাবে পড়তে হয়) এর জন্য ব্যবহার করা হয়। নিচের লেখায় আমরা শিখবো প্রতীক $n!$ এর মানে কি।

5.2.2 গৌণিক এবং তার চিহ্ন:

প্রতীক $n!$ হল প্রথম n প্রাকৃতিক সংখ্যার গুণফল, অর্থাৎ $1 \times 2 \times 3 \times ... \times (n-1) \times n$ কে $n!$ হিসাবে চিহ্নিত করা হয়। আমরা এই প্রতীকটিকে 'n ফ্যাক্টরিয়াল' হিসেবে পড়ি।

সুতরাং, $1 \times 2 \times 3 \times 4 \ldots \times (n-1) \times n = n!$

$1 = 1!$

$1 \times 2 = 2!$

$1 \times 2 \times 3 = 3!$

$1 \times 2 \times 3 \times 4 = 4!$ এবং একইরকম ভাবে পরবর্তী মানগুলি নির্ণয় করা যায়।

$0! = 1$, এইভাবে আমরা 0 এর গৌণিক সংজ্ঞায়িত করি।

আমরা লিখতে পারি, $5! = 5 \times 4! = 5 \times 4 \times 3! = 5 \times 4 \times 3 \times 2!$

$$= 5 \times 4 \times 3 \times 2 \times 1!$$

স্পষ্টতই, একটি প্রাকৃতিক সংখ্যার n এর জন্য,

$n! = n(n-1)!$

$= n(n-1)(n-2)!$ [এই শর্তে যে $(n \geq 2)$]

$= n(n-1)(n-2)(n-3)!$ [এই শর্তে যে $(n \geq 3)$]

এবং একইরকম ভাবে পরবর্তী মানগুলি নির্ণয় করা যায় মান নির্ণয় করো।

উদাহরণ 3: মান নির্ণয় করো:

(i) 5!   (ii) 7!   (iii) 7! − 5!

সমাধান:

(i) $5! = 1 \times 2 \times 3 \times 4 \times 5 = 120$

(ii) $7! = 1 \times 2 \times 3 \times 4 \times 5 \times 6 \times 7 = 5040$

(iii) $7! - 5! = 5040 - 120 = 4920.$

উদাহরণ 4: মান নির্ণয় করো:

(i) $^5P_2$ (ii) $^4P_4$ (iii) $P(6,0)$

সমাধান:

(i) $$^5P_2 = \frac{5!}{(5-2)!} = \frac{5!}{3!} = \frac{5 \times 4 \times 3!}{3!} = 20$$

(ii) $$^4P_4 = \frac{4!}{(4-4)!} = \frac{4!}{0!} = 4! = 24 \quad \{\because 0! = 1$$

(iii) $$P(6,0) = \frac{6!}{(6-0)!} = \frac{6!}{6!} = 1$$

উদাহরণ 5: যদি $\frac{1}{8!} + \frac{1}{9!} = \frac{x}{10!}$ হয়, তবে $x = ?$

সমাধান:

প্রদত্ত আছে, $\frac{1}{8!} + \frac{1}{9 \times 8!} = \frac{x}{10 \times 9 \times 8!} \Rightarrow 1 + \frac{1}{9} = \frac{x}{10 \times 9}$ বা $\frac{10}{9} = \frac{x}{90}$, সুতরাং $x = 100$.

উদাহরণ 6: প্রমাণ কর যে $(n-1)! + (n+1)! = (n^2 + n + 1)(n-1)!$

সমাধান:

$$LHS = (n-1)! + (n+1)! = (n-1)! + (n+1)(n)(n-1)! = (n-1)!(1 + n^2 + n) = (1 + n^2 + n)(n-1)! = RHS$$

উদাহরণ 7: প্রমাণ কর যে $2 \cdot 4 \cdot 6 \cdot \cdots \cdot (2n-2) = \frac{2(n!)}{n}$

সমাধান:

$$LHS = 2\cdot 4\cdot 6\cdots(2n-2) = 2\left[1\cdot 2\cdot 3\cdots(n-1)\right] = 2(n-1)! = 2\left[\cdot\frac{(n-1)!n}{n}\right] = \frac{2(n!)}{n} = RHS$$

উদাহরণ 8: প্রমাণ কর যে $\frac{n!}{r!(n-r)1} + \frac{n!}{(r-1)!(n-r+1)!} = \frac{(n+1)!}{r!(n-r+1)!}$

সমাধান: $LHS = \frac{n!}{r!(n-r)1} + \frac{n!}{(r-1)!(n-r+1)!}$

$$= \frac{n!}{r!(n-r)!}\cdot\frac{(n-r+1)}{(n-r+1)} + \frac{n!}{(r-1)!(n-r+1)!}\cdot\frac{r}{r}$$

$$= \frac{(n-r+1)n!}{(r!)(n-r+1)!} + r\frac{r(n!)}{(r!)(n-r+1)!}$$

$$= \frac{(n-r+1)(n+r)!(n!)}{(r!)(n-r+1)!} = \frac{(n-r+1+r)(n!)}{(r!)(n-r+1)!} = \frac{(n+1)(n!)}{(r!)(n-r+1)!} = \frac{(n+1)!}{(r!)(n-r+1)!}$$

$= RHS$

5.2.3 বিভিন্ন ক্ষেত্রে বিন্যাসের সূত্রাবলী:

1. বস্তুগুলির পুনরাবৃত্তি না করে প্রদত্ত n সংখ্যক বিভিন্ন বস্তু থেকে একযোগে r সংখ্যক বস্তু নিয়ে একটি লাইনে বিন্যাস করলে তার সংখ্যা হয়, $^{n}P_r = P(n,r) = \frac{n!}{(n-r)!}; n \geq r \geq 0$

2. বস্তুগুলির পুনরাবৃত্তি হলে প্রদত্ত n সংখ্যক বিভিন্ন বস্তু থেকে একযোগে r সংখ্যক বস্তু নিয়ে একটি লাইনে বিন্যাস করলে তার সংখ্যা হয় n^r, যেখানে $0 < r \leq n$।

3. বিন্যাস যখন সমস্ত বস্তু স্বতন্ত্র বা ভিন্ন বস্তু নয়:

n সংখ্যক বস্তুর মধ্যে $p1-$ সংখ্যক একপ্রকার $p2-$ সংখ্যক দ্বিতীয় প্রকার $pk-$ সংখ্যক k- প্রকার এবং বাকিগুলো ভিন্ন

ভিন্ন হলে এদের সবগুলো একযোগে নিয়ে বিন্যাস সংখ্যা হয় $\frac{n!}{p_1!p_2!\dots p_k!}$।

ধর আমাদের ROOT শব্দের অক্ষর বিন্যাসের উপায় খুঁজে বের করতে হবে। এক্ষেত্রে শব্দের অক্ষরগুলো সব আলাদা নয়। এখানে 2 টি O আছে, যা একই ধরনের। সাময়িকভাবে, যদি 2 টি O কে আলাদা বলি, অর্থাৎ যদি O_1 এবং O_2 বলি, তাহলে এ ক্ষেত্রে 4 টি বিভিন্ন অক্ষরের বিন্যাস হবে 4!। এই বিন্যাসগুলির মধ্যে যেকোনো একটি বিন্যাস হল, RO_1O_2T। এই বিন্যাসের সাথে সামঞ্জস্যপূর্ণ পারমুটেশন বা বিন্যাস হল RO_1O_2T এবং RO_2O_1T, অর্থাৎ 2! যা ঠিক একই ক্রমানুসারে হবে যদি O_1 এবং O_2 কে আলাদা হিসেবে ধরা না হয়, অর্থাৎ, যদি O_1 এবং O_2 উভয় স্থানে একই O হয়। অতএব, ক্রমানুসারে বিন্যাসের প্রয়োজনীয় সংখ্যা হল, $\frac{4!}{2!} = 4 \times 3 = 12$।

নিম্নে চিত্রাকারে বিষয়টি পর্যালোচনা করা হলো।

বিন্যাস যখন O_1 এবং O_2 আলাদা		**বিন্যাস যখন O_1 এবং O_2 একই অর্থাৎ, $O_1 = O_2 = O$**
RO_1O_2T RO_2O_1T	→	ROOT
TO_1O_2R TO_2O_1R	→	TOOR
RO_1T_2O RO_2T_1O	→	ROTO
TO_1RO_2 TO_2RO_1	→	TORO
RTO_1O_2 RTO_2O_1	→	RTOO
TRO_1O_2 TRO_2O_1	→	TROO
O_1O_2RT O_2O_1TR	→	OORT
O_1RO_2T O_2RO_1T	→	OROT
O_1TO_2R O_2TO_1R	→	OTOR
O_1RTO_2 O_2RTO_1	→	ORTO
O_1TRO_2 O_2TRO_1	→	OTRO
O_1O_2TR O_2O_1TR	→	OOTR

Fig. 5.3: Representation of Permutation

উদাহরণ 9: সংখ্যার পুনরাবৃত্তি অনুমোদিত না হলে 1 থেকে 9 সংখ্যা ব্যবহার করে কতগুলি 4- অঙ্কের সংখ্যা গঠিত হতে পারে?

সমাধান: এখানে পুনরাবৃত্তি অনুমোদিত না হলে 1234 এবং 1324 দুটি ভিন্ন সংখ্যা। অতএব, 9 টি ভিন্ন সংখ্যা থেকে যে কোন 4 টি সংখ্যা নিয়ে 4-অঙ্কের কতগুলি সংখ্যা গঠিত হবে তা নিম্নোক্তভাবে বলা যায়।

অতএব, প্রয়োজনীয় 4-অঙ্কের সংখ্যা = $^{9}P_{4}=\dfrac{9!}{(9-4)!}=\dfrac{9!}{5!}=9\times8\times7\times6=3024$

উদাহরণ 10: 12 জন শিক্ষার্থী মধ্য-সেমিস্টার পরীক্ষায় আলাদা আলাদা নম্বর সহ পাস করেছে। কত বিভিন্ন রকম উপায়ে প্রথম তিনটি পুরস্কার জেতা যেতে পারে?

সমাধান: এখানে 12 জন শিক্ষার্থী এবং 3 টি পুরস্কারের কথা উল্লেখ করা আছে। সমস্ত 12 জন ছাত্র আলাদা নম্বর পেয়েছে যাতে কেউ একাধিক পুরস্কার জিততে না পারে এবং একাধিক শিক্ষার্থী একই পুরস্কার জিততে না পারে।

অতএব, ক্রমানুসারে বিন্যাসের সংখ্যা = $^{12}P_{3}=\dfrac{12!}{(12-3)!}=\dfrac{12!}{9!}=12\times11\times10=1320$ ।

উদাহরণ 11: প্রত্যেকটি আলাদা সংখ্যা ব্যবহার করে 6-অঙ্কের কতগুলি সংখ্যা গঠন করা যেতে পারে?

সমাধান: আমরা জানি যে 10 টি ভিন্ন সংখ্যা আছে। অর্থাৎ 0, 1, 2, 3, 4, 5, 6, 7, 8, 9।

এখানে আমাদের এই 10 টির মধ্যে 6 টিকে নিয়ে সারিবদ্ধভাবে 6-অঙ্কের সংখ্যা তৈরি করতে হবে।

এটা সম্ভব P (10, 6) = $^{10}P_{6}=\dfrac{10!}{(10-6)!}=\dfrac{10!}{4!}=10\times9\times8\times7\times6\times5=151200$ রকম ভাবে।

কিন্তু যে সংখ্যাগুলি 0 (শূন্য) থেকে শুরু সেগুলি 6-অঙ্কের সংখ্যা নয়। এই ধরনের P (9,5) সংখ্যা আছে।

i.e. $^{9}P_{5}=\dfrac{9!}{(9-5)!}=\dfrac{9!}{4!}=9\times8\times7\times6\times5=15120$ গুলি 6-অঙ্কের সংখ্যা নয়।

সুতরাং, 6-অঙ্কের সংখ্যা যেখানে প্রত্যেকটি আলাদা সংখ্যা ব্যবহার করা আছে তা হল

=151200-12120=136080 গুলি।

উদাহরণ 12: 'ALLAHABAD' শব্দের অক্ষরের বিন্যাস সংখ্যা কত হবে?

সমাধান: এখানে, মোট নয়টি অক্ষর আছে যার মধ্যে 'A' চারবার 'L' দুবার এবং বাকিগুলো একবার করে আছে। সুতরাং,

বিন্যাস সংখ্যা হবে = $\dfrac{9!}{4!2!}=\dfrac{5\times6\times7\times8\times9}{2}=7560$ ।

উদাহরণ 13: যদি $^{n}P_{5}=42\left(^{n}P_{3}\right), n>4$ হয়, তবে n=?

সমাধান: প্রদত্ত $^{n}P_{5}=42\left(^{n}P_{3}\right), n>4$

বা $n(n-1)(n-2)(n-3)(n-4)=42n(n-1)(n-2)$

যেহেতু $n>4$, তাই $n(n-1)(n-2)\neq 0$

সুতরাং, উভয়পক্ষে by $n(n-1)(n-2)$ দ্বারা ভাগ করে পাই

বা $(n-3)(n-4)=42$

বা $n^2-7n+12-42=0$

বা $n^2-7n-30=0$

বা $n^2-10n+3n-30=0$

বা $(n-10)(n+3)=0$

বা $n-10=0$, বা $n+3=0$

বা $n=10$, বা $n=-3$

বা $n=10$, যেহেতু $n>4$.

Permutation & Combination

5.3 সমবায়

আমরা এখন ধরে নিই যে 3 টি লন-টেনিস খেলোয়াড়ের একটি গ্রুপ X, Y, Z আছে। 2 জন খেলোয়াড় নিয়ে গঠিত একটি দল গঠন করা হবে। আমরা কত উপায়ে তা করতে পারি? X এবং Y এর দল কি Y এবং X এর দল থেকে আলাদা? এখানে, অর্ডার গুরুত্বপূর্ণ নয়। প্রকৃতপক্ষে, মাত্র 3 টি সম্ভাব্য উপায় রয়েছে যেখানে দলটি তৈরি করা যেতে পারে।

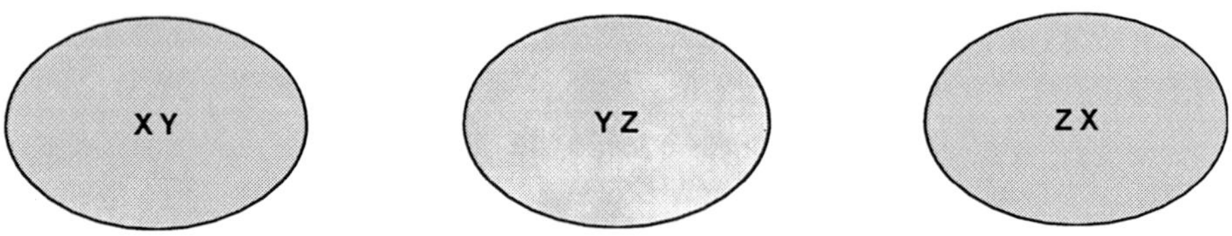

Fig. 5.4: Representation of Combination

এগুলি হল XY, YZ এবং ZX। এখানে, প্রতিটি নির্বাচনকে বলা হয় সমবায় যা 3 টি ভিন্ন বস্তুর সংমিশ্রণ থেকে যেকোনো 2 টি নিয়ে গঠিত। সমবায়ের ক্ষেত্রে নির্বাচনের ক্রম গুরুত্বপূর্ণ নয়।

এখন আরো কিছু দৃষ্টান্ত বিবেচনা কর।

1. একটি ঘরে 12 জন লোকের দেখা হয় এবং প্রত্যেকেই অন্য সবার সাথে হাত মেলান। আমরা কীভাবে করমর্দনের সংখ্যা নির্ধারণ করব? X এর সাথে Y এবং Y এর সাথে X কে হাত মেলানো দুটি ভিন্ন করমর্দ হবে না। এখানে, ক্রম গুরুত্বপূর্ণ নয়। এখানে 12 জনের মধ্যে ভিন্ন যে কোন 2 জন নিজেদের মধ্যে করমর্দন করলে সমবায় হিসাবে সেই সংখ্যক করমর্দন থাকবে।
2. একটি বৃত্তে সাতটি বিন্দু থাকে। এই পয়েন্ট গুলিকে জোড়ায় জোড়ায় করে কতগুলি কর্ড আঁকা যায়? এখানে 7 টি বিন্দু থেকে প্রতিবার 2 টি বিন্দু নিয়ে কর্ড অংকন করলে যতগুলো কর্ড পাওয়া যায় সেটাই তার সমবায় সংখ্যা।

এখন, আমরা n সংখ্যক বিভিন্ন বস্তু থেকে একযোগে r সংখ্যক বস্তু নিয়ে গঠিত সমবায় সংখ্যা নির্ণয় করার যে সূত্রটি পাই তা হল $^nC_r = \frac{n!}{r!(n-r)!}$, এখানে C (n, r) অথবা n_{C_r} দ্বারা সমবায় চিহ্নিত করা হয়।

নির্দিষ্টভাবে,

1. যদি r = n হয়, তবে $n_{Cn} = \frac{n!}{n!(n-n)!} = 1$।
2. যদি r = 0 হয়, তবে $n_{C0} = \frac{n!}{0!(n-0)!} = 1$।
3. n-সংখ্যক বিভিন্ন বস্তু থেকে একযোগে r-সংখ্যক বস্তু নিয়ে গঠিত সমবায় সংখ্যা এবং n-সংখ্যক বিভিন্ন বস্তু থেকে একযোগে (n-r)- সংখ্যক বস্তু নিয়ে গঠিত সমবায় সংখ্যা পরস্পর সমান হয় অর্থাৎ, $n_{Cr} = n_{Cn-r}$।
4. যদি $n_{Ca} = n_{Cb}$ হয়, তবে a=b অথবা n = a + b হয়।
5. $^nC_{r-1} + {}^nC_r = {}^{n+1}C_r$ ।

উদাহরণ 14: যদি $^nC_9 = {}^nC_8$ হয়, তবে $n_{C_{17}} = ?$

সমাধান: যেহেতু $^nC_a = {}^nC_b$, তাহলে $a = b$ অথবা $n = a + b$

সুতরাং, $n = 9 + 8 = 17$

এখন $^nC_{17} = {}^{17}C_{17} = 1$

উদাহরণ 15: মান নির্ণয় করো:

(i) $^7C_3$ (ii) $^5C_5$ (iii) $^{13}C_0$

সমাধান:

$$(i) \quad ^7C_3 = \frac{7!}{3!(7-3)1} = \frac{7!}{(3!)(7!)} = \frac{7\times6\times5\times4!}{(3\times2\times1)4!} = 35$$

$$(ii) \quad ^5C_5 = \frac{5!}{5!(5-5)1} = \frac{5!}{(5!)(0!)} = \frac{5!}{5!} = 1$$

$$(iii) \quad ^{13}C_0 = \frac{13!}{0!(13-0)!} = \frac{13!}{(0!)(13!)} = \frac{13!}{13!} = 1$$

উদাহরণ 16: 2 পুরুষ এবং 3 জন মহিলাদের একটি গ্রুপ থেকে 3 জনের একটি কমিটি গঠন করা হবে। এটি কত উপায়ে করা যেতে পারে? এই কমিটিগুলির মধ্যে কটি কমিটি 1 জন পুরুষ এবং 2 জন মহিলা নিয়ে গঠিত হবে?

সমাধান: যেহেতু এখানে ক্রম গুরুত্বপূর্ণ নয় তাই সমন্বয় সংখ্যা গণনা করতে হবে। এখানে 5 **জনের** থেকে 3 **জনকে** নিয়ে **কমিটি গঠন** করলে যতগুলো **কমিটি** পাওয়া যায় সেটাই তার সমবায় সংখ্যা।

সুতরাং, সমবায় সংখ্যা হবে = $^5C_3 = \dfrac{5!}{3!(5-3)!} = \dfrac{5\times4\times3!}{3!\times2\times1} = 10$।

এখন মোট 2 জন পুরুষ থেকে 1 জন পুরুষকে 2_{C1} ভাবে এবং 3 জন মহিলা থেকে 2 জন মহিলাকে 3_{C2} ভাবে বাছাই করা যেতে পারে। সুতরাং, প্রদত্ত ক্ষেত্রে সমবায় সংখ্যা হবে = $^2C_1 \times {}^3C_2 = 6$।

5.4 দ্বিপদ রাশি:

Permutation & Combination-2

দুটি পদ যুক্ত কোন বীজগাণিতিক রাশি যার পদ দুটির মধ্যে ধনাত্মক বা ঋণাত্মক চিহ্ন থাকে, তাকে দ্বিপদী রাশি বলে।

উদাহরণ: $(a+b),(2x-3y),\left(\dfrac{p}{x^2}-\dfrac{q}{x^4}\right),\left(\dfrac{1}{x}+\dfrac{4}{y^3}\right)$ *ইত্যাদি।*

5.4.1 ধনাত্মক অখণ্ড সূচক এর দ্বিপদ উপপাদ্য:

যে নিয়মের দ্বারা যেকোনো ধনাত্মক অখণ্ড সূচকের জন্য দ্বিপদী রাশি সম্প্রসারিত করা যায় তাকে দ্বিপদী উপপাদ্য বলে।

যদি n একটি ধনাত্মক পূর্ণ সংখ্যা হয় এবং $x,\ y \in C$, তাহলে

$$(x+y)^n = {}^nC_0x^{n-0}y^0 + {}^nC_1x^{n-1}y^1 + {}^nC_2\,x^{n-2}y^2 + \ldots\ldots + {}^nC_rx^{n-r}y^r + \ldots\ldots + {}^nC_{n-1}xy^{n-1} + {}^nC_nx^0y^n$$

সুতরাং, $(x+y)^n = \sum_{r=0}^{n} {}^nC_r.x^{n-r}.y^r$ ....(i)

এখানে $^nC_0, {}^nC_1, {}^nC_2, \ldots\ldots {}^nC_n$ **হল দ্বিপদী সহগসমূহ এবং** $(1+x)^n = 1+nx+\dfrac{n(n-1)}{2!}x^2+\ldots\ldots$ **যখন** $0\le r\le n$।

কয়েকটি বিশেষ দ্বিপদী বিস্তৃতি:

(1) y **এর পরিবর্তে** $-y$ **বসালে** (i) **সমীকরণ থেকে আমরা পাই,**

$$(x-y)^n = {}^nC_0x^{n-0}y^0 - {}^nC_1x^{n-1}y^1 + {}^nC_2x^{n-2}y^2 - \ldots\ldots + (-1)^r\,{}^nC_rx^{n-r}y^r + \ldots + (-1)^n\,{}^nC_nx^0y^n$$

সুতরাং, $(x-y)^n = \sum_{r=0}^{n}(-1)^r\,{}^nC_rx^{n-r}y^r$

$(x-y)^n$ এই সম্প্রসারণের পদগুলি বিকল্পভাবে ধনাত্মক এবং ঋণাত্মক হয়। শেষ পদটি ধনাত্মক বা ঋণাত্মক নির্ভর করে n এর মান জোড় বা বিজোড় তার ওপরে।

(2) x এর পরিবর্তে 1 বসালে এবং y এর পরিবর্তে x বসালে (i) সমীকরণ থেকে আমরা পাই,

$$(1+x)^n = {}^nC_0x^0 + {}^nC_1x^1 + {}^nC_2x^2 + ... + {}^nC_rx^r + ... + {}^nC_nx^n$$

সুতরাং, $(1+x)^n = \sum_{r=0}^{n} {}^nC_rx^r$

$(1+x)^n$ এই সম্প্রসারণে x এর ঘাত ক্রমবর্ধমান হয়।

(3) x এর পরিবর্তে 1 বসালে এবং y এর পরিবর্তে -x বসালে (i) সমীকরণ থেকে আমরা পাই,

$$(1-x)^n = {}^nC_0x^0 - {}^nC_1x^1 + {}^nC_2x^2 - ..... +(-1)^r\, {}^nC_rx^r + ... + (-1)^n\, {}^nC_nx^n$$

সুতরাং, $(1-x)^n = \sum_{r=0}^{n} (-1)^r\, {}^nC_rx^r$

(4) $(x+y)^n + (x-y)^n = 2[{}^nC_0x^ny^0 + {}^nC_2x^{n-2}y^2 + {}^nC_4x^{n-4}y^4 + ...]$ এবং

$(x+y)^n - (x-y)^n = 2[{}^nC_1x^{n-1}y^1 + {}^nC_3x^{n-3}y^3 + {}^nC_5x^{n-5}y^5 + ...]$ ।

(5) $(1+x)^n$ এই সম্প্রসারণে $(r+1)^{th}$ তম পদের সহগ হয় ${}^nC_r$।

দ্বিপদ বিস্তৃতিতে সাধারণ পদ নির্ণয়:

$(x+y)^n$ এই বিস্তৃতিতে সাধারণ পদ হল $(r+1)^{th}$ তম পদ যা প্রকাশ করা হয় T_{r+1} দ্বারা এবং $T_{r+1} = {}^nC_rx^{n-r}y^r$ হয়।

- $(x-y)^n$ এই বিস্তৃতিতে সাধারণ পদ হল $(x-y)^n, T_{r+1} = (-1)^r\, {}^nC_rx^{n-r}y^r$
- $(1+x)^n$ এই বিস্তৃতিতে সাধারণ পদ হল $(1+x)^n, T_{r+1} = {}^nC_rx^r$
- $(1-x)^n$ এই বিস্তৃতিতে সাধারণ পদ হল $, T_{r+1} = (-1)^r\, {}^nC_rx^r$

5.4.2 যেকোনো সূচক এর জন্য দ্বিপদ উপপাদ্য:

$$(1+x)^n = 1 + nx + \frac{n(n-1)x^2}{2!} + \frac{n(n-1)(n-2)}{3!}x^3 + ... + \frac{n(n-1)......(n-r+1)}{r!}x^r + ... \infty$$

যখন n একটি ঋণাত্মক পূর্ণ সংখ্যা বা ভগ্নাংশ হয়, যেখানে $-1 < x < 1$, তাছাড়া বিস্তৃতিতে সম্ভবপর হয় না।

যদি প্রথম পদটি 1 না হয় তাহলে নিম্নলিখিতভাবে প্রথম পদটিকে 1 এ রূপান্তরিত করা হয়।

$(x+y)^n = x^n\left[1+\frac{y}{x}\right]^n$, যদি $\left|\frac{y}{x}\right| < 1$ ।

সাধারণ পদ: $T_{r+1} = \frac{n(n-1)(n-2)......(n-r+1)}{r!}x^r$

কিছু বিশেষ বিস্তৃতি:

1. $(1+x)^n = 1+nx+\frac{n(n-1)}{2!}x^2 + ...+\frac{n(n-1)(n-2)......(n-r+1)}{r!}x^r +......$

2. $(1-x)^n = 1-nx+\frac{n(n-1)}{2!}x^2 -....... +\frac{n(n-1)(n-2).....(n-r+1)}{r!}(-x)^r +.......$

3. $(1-x)^{-n} = 1+nx+\frac{n(n+1)}{2!}x^2 + ...+\frac{n(n+1)......(n+r-1)}{r!}x^r +.....$

4. $(1+x)^{-n} = 1-nx+\frac{n(n+1)}{2!}x^2 - .....+\frac{n(n+1)......(n+r-1)}{r!}(-x)^r +......$

5. $(1+x)^{-1} = 1-x+x^2-x^3+.......\infty$

6. $(1-x)^{-1} = 1+x+x^2+x^3+.......\infty$

7. $(1+x)^{-2} = 1-2x+3x^2-4x^3+.......\infty$

8. $(1-x)^{-2} = 1+2x+3x^2+4x^3+.......\infty$

9. $(1+x)^{-3} = 1-3x+6x^2-...............\infty$

10. $(1-x)^{-3} = 1+3x+6x^2+.................\infty$

5.4.3 আনুমানিকতা সংক্রান্ত সমস্যার সমাধানে দ্বিপদী উপপাদ্যের ব্যবহার:

আমরা জানি, $(1+x)^n = 1+nx+\frac{n(n-1)}{2!}x^2+.......$.

যদি x এর মান 1 এর থেকে কম হয় তাহলে, $x^2, x^3, x^4,....$ রাশি গুলির মান ক্রমাগত ছোট থেকে ছোট হতে থাকে।

$\therefore$ উপরের সম্প্রসারণের মান ক্রমাগত ছোট থেকে ছোট হতে থাকে, যদি x এর মান 1 এর থেকে কম হয়া সেক্ষেত্রে $(1+x)^n$ বিস্তৃতির প্রথম মান 1 এবং দ্বিতীয় মান $1+nx$ অনুমান করা হয় ।

উদাহরণ 17: $\left(x^2+\frac{3}{x}\right)^4; x \neq 0$ কে বৃস্তিত করো।

সমাধান: আমরা জানি,

$$(a+b)^n = {}^nC_0(a)^n(b)^0 + {}^nC_1(a)^{n-1}(b)^1 + {}^nC_2(a)^{n-2}(b)^2 + ...+ {}^nC_n(a)^0(b)^n$$

দ্বিপদী উপপদ্য এর সঙ্গে তুলনা করে প

$a = x^2, b = \frac{3}{x}$ and $n = 4$ । সুতরাং,

$$\left(x^2+\frac{3}{x}\right)^4 = {}^4C_0\left(x^2\right)^4\left(\frac{3}{x}\right)^0 + {}^4C_1\left(x^2\right)^3\left(\frac{3}{x}\right)^1 + {}^4C_2\left(x^2\right)^2\left(\frac{3}{x}\right)^2 + {}^4C_3\left(x^2\right)^1\left(\frac{3}{x}\right)^3 + {}^4C_4\left(x^2\right)^0\left(\frac{3}{x}\right)^4$$

$$= x^8 + 4x^6.\frac{3}{x} + 6x^4.\frac{9}{x^2} + 4x^2.\frac{27}{x^3} + \frac{81}{x^4} = x^8 + 15x^5 + 54x^2 + \frac{108}{x} + \frac{81}{x^4}$$

উদাহরণ 18: দ্বিপদ উপপাদ্যের সাহায্যে বিস্তৃতি নির্ণয় করো:

(i) $\left(-3x+\frac{4}{x^2}\right)^4$ (ii) $\left(\frac{2x^2}{3}-\frac{3}{x^2}\right)^6$ (iii) $(2x+3y)^5$ (iv) $\left(1+x+x^2\right)^5$

সমাধান:

(i) $\left(-3x+\frac{4}{x^2}\right)^4$

আমরা জানি, $(a+b)^n = {}^nC_0(a)^n(b)^0 + {}^nC_1(a)^{n-1}(b)^1 + {}^nC_2(a)^{n-2}(b)^2 + ... + {}^nC_n(a)^0(b)^n$

দ্বিপদী উপপাদ্য এর সঙ্গে তুলনা করে পাই,

$a = -3x, b - \frac{4}{x}$ এবং $n = 4$ সুতরাং,

$$\therefore \left(-3x+\frac{4}{x^2}\right)^4 = {}^4C_0(-3x)^4\left(\frac{4}{x^2}\right)^0 + {}^4C_1(-3x)^{4-1}\left(\frac{4}{x^2}\right)^1 + {}^4C_2(-3x)^{4-2}\left(\frac{4}{x^2}\right)^2 + {}^4C_3(-3x)^{4-3}\left(\frac{4}{x^2}\right)^3 + {}^4C_4(-3x)^{4-4}\left(\frac{4}{x^2}\right)^4$$

$$= 1\cdot 81x^4\cdot 1 + 4\cdot(-27)x^3\cdot\frac{4}{x^2} + 6\cdot 9x^2\cdot\frac{16}{x^4} + 4\cdot(-3)x\cdot\frac{64}{x^6} + 1\cdot 1\cdot\frac{256}{x^8}$$
$$= 81x^4 - 432x + \frac{864}{x^2} - \frac{768}{x^5} + \frac{256}{x^8}$$

(ii) $\left(\frac{2x^2}{3}-\frac{3}{x^2}\right)^6$

আমরা জানি, $(a+b)^n = {}^nC_0(a)^n(b)^0 + {}^nC_1(a)^{n-1}(b)^1 + {}^nC_2(a)^{n-2}(b)^2 + \ldots\ldots\ldots + {}^nC_n(a)^0(b)^n$

দ্বিপদী উপপাদ্য এর সঙ্গে তুলনা করে পাই,

$a = \frac{2x^2}{3}, b = -\frac{3}{x^2}$ *and* $n = 6$ সুতরাং,

$$\therefore \left(\frac{2x^2}{3}-\frac{3}{x^2}\right)^6 = {}^6C_0\left(\frac{2x^2}{3}\right)^6\left(-\frac{3}{x^2}\right)^0 + {}^6C_1\left(\frac{2x^2}{3}\right)^5\left(-\frac{3}{x^2}\right)^1 + {}^6C_2\left(\frac{2x^2}{3}\right)^4\left(-\frac{3}{x^2}\right)^2 + {}^6C_3\left(\frac{2x^2}{3}\right)^3\left(-\frac{3}{x^2}\right)^3$$

$$+ {}^6C_4\left(\frac{2x^2}{3}\right)^2\left(-\frac{3}{x^2}\right)^4 + {}^6C_5\left(\frac{2x^2}{3}\right)^1\left(-\frac{3}{x^2}\right)^5 + {}^6C_6\left(\frac{2x^2}{3}\right)^0\left(-\frac{3}{x^2}\right)^6$$

$$= 1\cdot\left(\frac{64x^{12}}{729}\right)\cdot 1 + 6\left(\frac{32x^{10}}{243}\right)\left(-\frac{3}{x^2}\right) + 15\left(\frac{16x^8}{81}\right)\left(\frac{9}{x^4}\right) + 20\left(\frac{8x^6}{27}\right)\left(-\frac{27}{x^6}\right)$$

$$+15\left(\frac{4x^4}{9}\right)\left(\frac{81}{x^8}\right) + 6\left(\frac{2x^2}{3}\right)\left(-\frac{243}{x^{10}}\right) + 1\cdot 1\cdot\left(\frac{729}{x^{12}}\right)$$

$$= \frac{64x^{12}}{729} - \frac{64x^8}{27} + \frac{80x^4}{3} - 160 + \frac{540}{x^4} - \frac{972}{x^8} + \frac{729}{x^{12}}$$

(iii) $(2x+3y)^5$

আমরা জানি, $(a+b)^n = {}^nC_0(a)^n(b)^0 + {}^nC_1(a)^{n-1}(b)^1 + {}^nC_2(a)^{n-2}(b)^2 + \ldots\ldots\ldots + {}^nC_n(a)^0(b)^n$

দ্বিপদী উপপাদ্য এর সঙ্গে তুলনা করে পাই,

$a = 2x, b = 3y$ *and* $n = 5$ সুতরাং,

$$\therefore (2x+3y)^5 = {}^5C_0(2x)^5(3y)^0 + {}^5C_1(2x)^4(3y)^1 + {}^5C_2(2x)^3(3y)^2 + {}^5C_3(2x)^2(3y)^3$$

$$+ {}^5C_4(2x)^1(3y)^4 + {}^5C_5(2x)^0(3y)^5$$

$$\therefore (2x+3y)^5 = 1\cdot(32x^5)\cdot 1 + 5(16x^4)(3y) + 10(8x^3)(9y^2) + 10(4x^2)(27y^3) + 5(2x)(81y^4) + 1\cdot 1\cdot(243y^5)$$

$$\therefore (2x+3y)^5 = 32x^5 + 240x^4y + 720x^3y^2 + 1080x^2y^3 + 810xy^4 + 243y^5$$

(iv) $(1+x+x^2)^5$

$Let\ 1+x=y \quad \therefore \left(1+x+x^2\right)^5=\left(y+x^2\right)^5$

$$\left(y+x^2\right)^5 = \therefore \left(y+x^2\right)^5 = {}^5C_0(y)^5\left(x^2\right)^0 + {}^5C_1(y)^4\left(x^2\right)^1 + {}^5C_2(y)^3\left(x^2\right)^2 + {}^5C_3(y)^2\left(x^2\right)^3 + {}^5C_4(y)^1\left(x^2\right)^4 + {}^5C_5(y)^0\left(x^2\right)^5$$

$$\therefore \left(y+x^2\right)^5 = 1\cdot(y)^5\cdot 1 + 5(y)^4\left(x^2\right)^1 + 10(y)^3\left(x^2\right)^2 + 10(y)^2\left(x^2\right)^3 + 5(y)^1\left(x^2\right)^4 + 1\cdot 1\cdot\left(x^2\right)^5$$

$$\therefore \left(y+x^2\right)^5 = y^5 + 5y^4x^2 + 10y^3x^4 + 10y^2x^6 + 5yx^8 + x^{10}$$

$$\therefore \left(1+x+x^2\right)^5 = (1+x)^5 + 5(1+x)^4x^2 + 10(1+x)^3x^4 + 10(1+x)^2x^6 + 5(1+x)x^8 + x^{10}$$

$(1+x)^n = {}^nC_0 + {}^nC_1x + {}^nC_2x^2 + {}^nC_3x^3 + \dots\dots\dots + {}^nC_nx^{n-1}$ ব্যবহার করে পাই,

$$(1+x)^5 = 1+5x+10x^2+10x^3+5x^4+x^5$$

$$(1+x)^4 = 1+4x+6x^2+4x^3+x^4$$

$$(1+x)^3 = 1+3x+3x^2+x^3 \ and \ (1+x)^2 = 1+2x+x^2$$

$$\therefore \left(1+x+x^2\right)^5 = \left(1+5x+10x^2+10x^3+5x^4+x^5\right)+5\left(1+4x+6x^2+4x^3+x^4\right)x^2 + 10\left(1+3x+3x^2+x^3\right)x^4 + 10\left(1+2x+x^2\right)x^6 + 5(1+x)x^8 + x^{10}$$

$$\therefore \left(1+x+x^2\right)^5 = 1+5x+10x^2+10x^3+5x^4+x^5+5x^2+20x^3+30x^4+20x^5+5x^6 + 10x^4+30x^5+30x^6+10x^7+10x^6+20x^7+10x^8+5x^8+5x^9+x^{10}$$

$$\therefore \left(1+x+x^2\right)^5 = 1+5x+15x^2+30x^3+45x^4+51x^5+45x^6+30x^7+15x^8+5x^9+x^{10}$$

উদাহরণ 19: নির্দেশনা অনুযায়ী নিচের প্রশ্নগুলির উত্তর দাও ।

(i) $(x^2+2y)^8$ বিস্তৃতির পঞ্চম পদটি নির্ণয় ক।

(ii) $\left(\dfrac{2x^2}{3}+\dfrac{3}{2x^2}\right)^8$ বিস্তৃতির মাঝের পদটি নির্ণয় কর।

(iii) $\left(\dfrac{y^2}{3}-\dfrac{4}{y^2}\right)^6$ বিস্তৃতির ধ্রুবক পদটি নির্ণয় কর।

সমাধান:

(i) $(x^2+2y)^8$ বিস্তৃতির পঞ্চম পদ নির্ণয়:

$(a+b)^n$ এই বিস্তৃতির $(r+1)^{th}$ তম পদ হল $T_{r+1} = {}^nC_r a^{n-r} b^r$

এখানে $a = x^2, b = 2y$ এবং n=8 ,

পঞ্চম পদ নির্ণয় করার জন্য আমাদের নিতে হবে r=4,

$$\therefore T_{r+1} = C_4^8 \left(x^2\right)^{8-4} (2y)^4 = \frac{8\times7\times6\times5\times4!}{4\times3\times2\times1\times4!}\times x^8\times16y^4 = 224x^8y^4$$

(ii) $\left(\frac{2x^2}{3}+\frac{3}{2x^2}\right)^8$ বিস্তৃতির মাঝের পদ নির্ণয়:

এই বিস্তৃতিতে মোট 12+1=13 টি পদ আছো সুতরাং একটি মাঝের পদ বর্তমান ।

এখানে $\left(\frac{12}{2}+1\right)^{th} = 7^{th}$ এত তম পদটি হল মাঝের পদ, এবং

$a = \frac{2x^2}{3}, b = \frac{3}{2x^2}$, n=12 এবং r=6

$$T_{6+1} = C_6^{12}\left(\frac{2x^2}{3}\right)^{12-6}\left(\frac{3}{2x^2}\right)^6 = \frac{12\times11\times10\times9\times8\times7\times6!}{6\times5\times4\times3\times2\times1\times6!}\times\frac{(2)^6x^{12}}{(3)^6}\times\frac{(3)^6}{(2)^6x^{12}} = 924$$

(iii) $\left(\frac{y^2}{3}-\frac{4}{y^2}\right)^6$ বিস্তৃতির ধ্রুবক পদ নির্ণয়:

ধরা যাক $\left(\frac{y^2}{3}-\frac{4}{y^2}\right)^6$ এই বিস্তৃতির $(r+1)^{th}$ তম পদ হল y নিরপেক্ষ অর্থাৎ ধ্রুবক ।

$$\therefore T_{r+1} = {}^6C_r\left(\frac{y^2}{3}\right)^{6-r}\left(-\frac{4}{y^2}\right)^r = \frac{6!}{r!(6-r)!}\times\frac{y^{12-2r}}{(3)^{6-r}}\times\frac{(-4)^r}{y^{2r}} = \frac{6!}{r!(6-r)!}\times\frac{(-4)^r}{(3)^{6-r}}\times y^{12-4r}$$

যেহেতু পদটি x নিরপেক্ষ অর্থাৎ y=0

$\therefore 12-4r=0 \qquad \therefore r=3$

$$\therefore T_{r+1} = \frac{6!}{3!(6-3)!} \times \frac{(-4)^3}{(3)^{6-3}} \times y^0 = -\frac{1280}{27}$$

উদাহরণ 20: $(x+y)^4 + (x-y)^4$ এই বিস্তৃতির সরল করো এবং $\left(\sqrt{2}+1\right)^4 + \left(\sqrt{2}-1\right)^4$ এর মান নির্ণয় করো।

সমাধান:

$$(x+y)^4 + (x-y)^4 = \left\{\begin{matrix} \left[{}^4C_0(x)^4(y)^0 + {}^4C_1(x)^3(y)^1 + {}^4C_2(x)^2(y)^2 + {}^4C_3(x)^1(y)^3 + {}^4C_4(x)^0(y)^4\right] \\ +\left[{}^4C_0(x)^4(-y)^0 + {}^4C_1(x)^3(-y)^1 + {}^4C_2(x)^2(-y)^2 + {}^4C_3(x)^1(-y)^3 + {}^4C_4(x)^0(-y)^4\right] \end{matrix}\right\}$$

$$(x+y)^4 + (x-y)^4 = \left\{\begin{matrix} \left[1\cdot(x)^4\cdot 1 + 4(x)^3(y)^1 + 6(x)^2(y)^2 + 4(x)^1(y)^3 + 1\cdot 1\cdot y^4\right] \\ +\left[1\cdot(x)^4\cdot 1 - 4(x)^3(y)^1 + 6(x)^2(y)^2 - 4(x)^1(y)^3 + 1\cdot 1\cdot y^4\right] \end{matrix}\right\}$$

$$(x+y)^4 + (x-y)^4 = 2\left(x^4 + 6x^2y^2 + y^4\right)$$

$$\therefore \left(\sqrt{2}+1\right)^4 + \left(\sqrt{2}-1\right)^4 = 2\left(\left(\sqrt{2}\right)^4 + 6\left(\sqrt{2}\right)^2(1)^2 + (1)^4\right) = 2(4+12+1) = 34$$

উদাহরণ 21: $99^{50} + 100^{50}$ এবং 101^{50} এর মধ্যে কোনটি বড় ?

সমাধান: আমরা জানি

$$101^{50} = (100+1)^{50} = 100^{50} + 50.100^{49} + \frac{50.49}{2.1}100^{48} + \quad ......(i)$$

এবং $99^{50} = (100-1)^{50} = 100^{50} - 50.100^{49} + \frac{50.49}{2.1}100^{48} - \quad ....(ii)$

(ii) থেকে (i), বিয়োগ করে পাই

$$101^{50} - 99^{50} = 2\cdot 50\cdot 100^{49} + 2\cdot\frac{50\cdot 49\cdot 48}{1\cdot 2\cdot 3}\cdot 100^{47} = 100^{50} + 2\frac{50.49.48}{1.2.3}100^{47} > 100^{50}$$

সুতরাং, $101^{50} > 100^{50} + 99^{50}$.

উদাহরণ 22: দেখাও যে $(1+x)^n - nx - 1$, x^2 দ্বারা বিভাজ্য (যেখানে $n \in N$)।

সমাধান: $(1+x)^n = 1 + nx + \frac{n(n-1)}{1.2}x^2 + \frac{n(n-1)(n-2)}{1.2.3}x^3 + ...$

$$(1+x)^n - nx - 1 = x^2\left[\frac{n(n-1)}{1.2} + \frac{n(n-1)(n-2)}{1.2.3}x + ...\right]$$

সুতরাং এটা স্পষ্ট যে $(1+x)^n - nx - 1$, x^2 দ্বারা বিভাজ্য।

উদাহরণ 23: $\left(2x^2 - \frac{1}{3x^2}\right)^{10}$ এই বিস্তৃতির ষষ্ঠপদ কত?

সমাধান:

আমরা জানি, $(a+b)^n = {}^nC_0(a)^n(b)^0 + {}^nC_1(a)^{n-1}(b)^1 + {}^nC_2(a)^{n-2}(b)^2 + \dots\dots\dots + {}^nC_n(a)^0(b)^n$

$$\text{সুতরাং, } T_6 = {}^{10}C_5(2x^2)^5\left(-\frac{1}{3x^2}\right)^5 = -\frac{10!}{5!5!}32 \times \frac{1}{243} = -\frac{896}{27}$$

উদাহরণ 24: দ্বিপদী উপপাদ্য ব্যবহার করে মান নির্ণয় করো

(i) $(96)^4$ (ii) $(101)^3$

সমাধান:

(i)
$$(96)^4 = (100-4)^4$$
$$= {}^4C_0(100)^4(-4)^0 + {}^4C_1(100)^3(-4)^1 + {}^4C_2(100)^2(-4)^2 + {}^4C_3(100)^1(-4)^3 + {}^4C_4(100)^0(-4)^4$$
$$= 1\cdot(100)^4\cdot 1 + 4\cdot(100)^3(-4)^1 + 6\cdot(100)^2(-4)^2 + 4\cdot(100)^1(-4)^3 + 1\cdot 1\cdot(-4)^4$$
$$= (100)^4 - 16(100)^3 + 96(100)^2 - 25600 + 256$$
$$= 100000000 - 16000000 + 960000 - 25600 + 256 = 84934656$$

(i)
$$(101)^3 = (100+1)^3$$
$$= {}^3C_0(100)^3(1)^0 + {}^3C_1(100)^2(1)^1 + {}^3C_2(100)^1(1)^2 + {}^3C_3(100)^0(1)^3$$
$$= 1\cdot(100)^3\cdot 1 + 3\cdot(100)^2(1)^1 + 3\cdot(100)^1(1)^2 + 1\cdot(100)^0(1)^3$$
$$= 1000000 + 30000 + 300 + 1 = 1030301$$

প্রয়োগ (বাস্তব জীবন / শিল্পে)

সিমুলেশন

উদাহরণ-1: বিন্যাস এবং সমবায় বিভিন্ন ক্ষেত্রে সিমুলেশনের জন্য ব্যবহার করা যেতে পারে। বিভিন্ন জিনোটাইপ-ফেনোটাইপ অ্যাসোসিয়েশনের প্রতিনিধিত্বকারী ক্রমবিন্যাসগুলি জেনেটিক্স সিমুলেশনে নিযুক্ত করা হয়। সিমুলেশনের জন্য বিন্যাস এবং সমবায় ব্যবহার করে এমন অন্যান্য ক্ষেত্রগুলির মধ্যে রয়েছে নেটওয়ার্ক, ক্রিপ্টোগ্রাফি, ডেটাবেস এবং অপারেশন রিসার্চ।

সিম কার্ড

উদাহরণ-2: সিম কার্ডের জন্য বৈকল্পিক সংখ্যার পরিমাণ বিন্যাস তত্ত্বের প্রয়োগ হিসাবে গণনা করা যেতে পারে।

নিরাপত্তা সংকেত

উদাহরণ-3: বিন্যাস তত্ত্বটি এনক্রিপশন বা নিরাপত্তা কোড (পাসওয়ার্ড) বিজ্ঞানের ক্ষেত্রে প্রয়োগ করা যেতে পারে।

ক্রিপ্টোগ্রাফি এবং নেটওয়ার্ক সিকিউরিটি

উদাহরণ-4: ক্রিপ্টোগ্রাফি এবং নেটওয়ার্ক সিকিউরিটি ক্ষেত্রে পারফরম্যান্স অনুমানের জন্য একটি নেটওয়ার্কে বিভিন্ন ক্রমবিন্যাসকে রাউটিং করা একটি সাধারণ সমস্যা। অনেক যোগাযোগ নেটওয়ার্কে তথ্যের নিরাপদ স্থানান্তরের প্রয়োজন হয়, যা ক্রিপ্টোগ্রাফি এবং নেটওয়ার্ক সুরক্ষার উন্নয়ন ঘটায়।

পূর্বাভাস পরিষেবা

উদাহরণ-5: দ্বিপদী উপপাদ্যটি আসন্ন দুর্যোগের পূর্বাভাসে ব্যবহার করা যেতে পারে, এই উপপাদ্যটি আবহাওয়ার পূর্বাভাস ও গতিবিধি বিশ্লেষণেও ব্যবহার করা যেতে পারে।

পুঁজি বিনিয়োগ

উদাহরণ-6: দ্বিপদী উপপাদ্যটি সুদের গণনায় সহায়তা করে যা কয়েক বছরের ব্যবধানে প্রাপ্ত অর্থের একটি নির্দিষ্ট সুদের হারে।

উচ্চতর গণিত

উদাহরণ-7: দ্বিপদী উপপাদ্য উচ্চতর ঘাতের সমীকরণের সমাধান খুঁজে পেতে ব্যবহৃত হয়। এটি পদার্থবিজ্ঞান এবং গণিতে অনেক গুরুত্বপূর্ণ সমীকরণ প্রমাণ করতেও ব্যবহৃত হয়।

পরিসংখ্যান এবং সম্ভাবনা

উদাহরণ-8: দ্বিমাত্রিক উপপাদ্যের পরিসংখ্যান এবং প্রয়োগের ফলাফলের সম্ভাব্যতা বিশ্লেষণে বিভিন্ন ধরণের অ্যাপ্লিকেশন রয়েছে যা আমাদের অর্থনীতিতে ব্যাপকভাবে ব্যবহৃত হয়।

স্থাপত্য

উদাহরণ-9: ইঞ্জিনিয়ারিং প্রকল্পে খরচ অনুমান করার জন্য, আর্কিটেকচার দ্বিপদী তত্ত্বের প্রয়োগগুলি ব্যবহার করে।

ইন্টারনেট প্রোটোকল

উদাহরণ-10: দ্বিপদী তত্ত্বের ইন্টারনেট অফ থিংস (আইওটি) তে শক্তিশালী প্রয়োগ রয়েছে। আরেকটি অ্যাপ্লিকেশন ভেরিয়েবল সাবনেটিংয়ে পাওয়া যাবে।

ইউনটিরে সারাংশ

এই ইউনিটে প্রথম বিভাগটি ^nP_r এবং ^nC_r এর মান সহ পারমুটেশন এবং কম্বিনেশনের জন্য অর্থাৎ বিন্যাস এবং সমবায় এর জন্য নিবেদিত এবং বাস্তব জীবনে প্রয়োগ এর জন্য নিবেদিত। বিন্যাস এবং সমবায় এর অধ্যয়ন বীজগণিতের সহজতার ধারণা এবং সুনির্দিষ্ট গণনার প্রতি মনোযোগ দিতে উৎসাহিত করে। পরবর্তী বিভাগগুলি ধনাত্মক অবিচ্ছেদ্য সূচকের জন্য এবং যে

কোনও সূচকের জন্য দ্বিপদ তত্ত্বের সাথে কাজ করে। দ্বিপদ উপপাদ্যের বীজগাণিতিক বৈশিষ্ট্য নিয়ে আলোচনা করা হয়।বিন্যাস এবং সমবায় এর মূল ধারণা এবং প্রয়োগকে শক্তিশালী করার জন্য নতুন কিছু উদাহরণ দেওয়া হয়েছে।আরো নতুন কিছু মৌখিক প্রশ্ন দেওয়া হয়েছে যা মূল পদ এবং ধারণার ধারণামূলক মূল্যায়ন করতে সাহায্য করবে। অন্যদিকে, বীজগণিতের সমস্যাগুলি শিক্ষার্থীদের বীজগাণিতিক সূত্রের যথাযথ প্রয়োগ করতে শেখায়। লেখচিত্র সম্পর্কিত সমস্যাগুলি শিক্ষার্থীদের লেখচিত্র বিশ্লেষণ এবং লেখচিত্র অঙ্কন এর দক্ষতা পরিমাপ করতে সহায়তা করে। শিক্ষার্থীরা গণনা করতে জানলে সংখ্যাসূচক সমস্যার সমাধান করতে পারবে। বাস্তব-জীবনের বিভিন্ন সমস্যার সমাধানে এগুলির প্রয়োগ আমরা দেখতে পাই।

অনুশীলনী

সঠিক উত্তর নির্বাচন ধর্মী প্রশ্ন

1. যদি সেরা এবং নিকৃষ্ট উত্তরপত্র কখনো একসাথে না আসে, তাহলে ছয়টি পরীক্ষার উত্তরপত্র কত উপায়ে সাজানো যায়?

   (a) 120 (b) 480

   (c) 240 (d) কোনটাই না

2. 5 দ্বারা বিভাজ্য এবং 3000 থেকে 4000 এর মধ্যে অবস্থিত সংখ্যা যা 1, 2, 3, 4, 5, 6 সংখ্যা থেকে গঠিত কতগুলি হতে পারে (পুনরাবৃত্তি অনুমোদিত নয়)?

   (a) $\frac{n+r-1}{r}$ (b) ${}^5P_2$

   (c) ${}^4P_2$ (d) ${}^6P_3$

3. এক হাতের চার আঙ্গুলে 6 টি রিং কত রকম ভাবে পরা যায়?

   (a) 4^6 (b) ${}^6C_4$

   (c) 6^4 (d) কোনটাই না

4. পুনরাবৃত্তি অনুমোদিত না হলে 1, 2, 3, 4 সংখ্যা থেকে কতগুলি সংখ্যা তৈরি হতে পারে?

   (a) ${}^4P_4$ (b) ${}^4P_3$

   (c) ${}^4P_1+{}^4P_2+{}^4P_3$ (d) ${}^4P_1+{}^4P_2+{}^4P_3+{}^4P_4$

5. একটি পদের জন্য 3 জন প্রার্থী আবেদন করে এবং যেকোনো 1 জন, 7 জন নির্বাচকমণ্ডলীর ভোটের দ্বারা নির্বাচিত হয়। যত রকম ভাবে ভোট দেওয়া যায় তার সংখ্যা হল

   (a) 7^3 (b) 3^7

   (c) ${}^7C_3$ (d) কোনটাই না

6. ভোপাল এবং গোয়ালিয়রের মধ্যে 4 টি বাস চলে। যদি একজন লোক গোয়ালিয়র থেকে ভোপাল পর্যন্ত বাসে যায় এবং আবার অন্য বাসে গোয়ালিয়রে ফিরে আসে, তাহলে মোট সম্ভাব্য উপায় হল

(a) 12 (b) 16

(c) 4 (d) 8

7. যদি $^nP_5 = 20.\,^nP_3$ হয়, তবে n=?

(a) 4 (b) 8

(c) 6 (d) 7

8. 'UNIVERSAL' শব্দের যে কোন তিনটি অক্ষর নিয়ে কতগুলি শব্দ গঠিত হতে পারে?

(a) 504 (b) 405

(c) 540 (d) 450

9. যদি $^nP_4 : {}^nP_5 = 1:2$ হয়, তবে n=?

(a) 4 (b) 5

(c) 6 (d) 7

10. কতভাবে n সংখ্যক লেটার-বক্সে mn সংখ্যক চিঠি পোস্ট করা যায়?

(a) $(mn)^n$ (b) m^{mn}

(c) n^{mn} (d) কোনটাই না

11. কত রকম ভাবে 10 টি সত্য -মিথ্যা প্রশ্নের উত্তর দেওয়া যেতে পারে?

(a) 20 (b) 100

(c) 512 (d) 1024

12. 1, 2, 3, 4, 5, 6, 7, 8, 9 সংখ্যা থেকে 3 অংকের কয়টি জোড় সংখ্যা তৈরি করা যেতে পারে (পুনরাবৃত্তি অনুমোদিত নয়)?

(a) 224 (b) 280

(c) 324 (d) কোনটাই না

13. যদি $^nP_5 = 9 \times {}^{n-1}P_4$ হয়, তবে n=?

(a) 6 (b) 8

(c) 5 (d) 9

14. $^nP_r = ?$

(a) $^{n-1}P_r + r\,^{n-1}P_{r-1}$ (b) $n.\,^{n-1}P_r + {}^{n-1}P_{r-1}$

(c) $n(^{n-1}P_r + {}^{n-1}P_{r-1})$ (d) $^{n-1}P_{r-1} + {}^{n-1}P_r$

15. মোট 9- অঙ্কের কতগুলি সংখ্যা হতে পারে যার সমস্ত সংখ্যা আলাদা?

(a) $9\times9!$ (b) $9!$

(c) 10! (d) কোনটাই না

16. চারটি ছক্কা একসঙ্গে চালানো হলে কমপক্ষে একটি ছক্কাতে 2 আসবে এরকম সম্ভাবনা কতগুলি হতে পারে?

(a) 1296 (b) 625

(c) 671 (d) কোনটাই না

17. এখানে 4 টি পার্সেল এবং 5 টি পোস্ট অফিস রয়েছে। পার্সেলের রেজিস্ট্রেশন কতগুলি ভিন্ন উপায়ে করা যেতে পারে?

(a) 20 (b) 4^5

(c) 5^4 (d) 5^4-4^5

18. কত উপায়ে চারটি শিক্ষার্থীর মধ্যে 5 টি পুরস্কার বিতরণ করা যায় যখন প্রতিটি ছাত্র এক বা একাধিক পুরস্কার নিতে পারে?

(a) 1024 (b) 625

(c) 120 (d) 600

19. একটি ট্রেনে পাঁচটি আসন খালি থাকে, তাহলে কতজন উপায়ে তিনজন যাত্রী বসতে পারে ?

(a) 20 (b) 30

(c) 10 (d) 60

20. 4, 5, 6, 7, 8 সংখ্যাগুলি প্রতিটি সম্ভাব্য ক্রমে লেখা আছে। 56000 এর চেয়ে বড় সংখ্যার সংখ্যা হল

(a) 72 (b) 96

(c) 90 (d) 98

21. একটি গ্রাম থেকে একটি শহরে যাওয়ার জন্য 5 টি রাস্তা রয়েছে। একটি গ্রামবাসী শহরে যেতে এবং ফিরে যেতে পারে এমন বিভিন্ন উপায়ের সংখ্যা কত?

(a) 25 (b) 20

(c) 10 (d) 5

22. কতগুলি উপায়ে পাঁচটি পরীক্ষার প্রশ্নপত্র সাজানো যেতে পারে যাতে পদার্থবিজ্ঞান এবং রসায়নের প্রশ্নপত্র একসাথে না আসে

(a) 31 (b) 48

(c) 60 (d) 72

23. কত ভাবে প্রথম, দ্বিতীয় এবং তৃতীয় পুরস্কার 5 জন প্রতিযোগীকে দেওয়া যায়

(a) 10 (b) 60

(c) 15 (d) 125

24. 3-অঙ্কের বিজোড় সংখ্যার সংখ্যা, যেগুলি 1, 2, 3, 4, 5, 6 সংখ্যা ব্যবহার করে গঠিত হতে পারে যখন পুনরাবৃত্তি অনুমোদিত হয়

(a) 60 (b) 108

(c) 36 (d) 30

25. সংখ্যার পুনরাবৃত্তি অনুমোদিত না হলে 2, 0, 4, 3, 8 সংখ্যা থেকে পাঁচটি সংখ্যার কতটি সংখ্যা গঠিত হতে পারে

(a) 96 (b) 120

(c) 144 (d) 14

26. যদি $^{12}P_r = 1320$ হয়, তবে r =?

(a) 5 (b) 4

(c) 3 (d) 2

27. ধরা যাক পরপর দুটি সংখ্যা কখনই এক নয়, তাহলে n অঙ্কের কতগুলি সংখ্যা পাওয়া যাবে ?

(a) $n!$ (b) 9!

(c) 9^n (d) n^9

28. SALOON শব্দের অক্ষরের বিন্যাসের সংখ্যা, যদি দুটি O একত্রিত না হয়, তা হল

(a) 360 (b) 720

(c) 240 (d) 120

29. যদি দুটি ব্যঞ্জনবর্ণ একসাথে হতে না পারে, MAXIMUM শব্দের অক্ষর থেকে যতগুলি শব্দের গঠন হতে পারে, তা হল

(a) 4! (b) $3! \times 4!$

(c) 7! (d) কোনটাই না

30. COMMITTEE শব্দের অক্ষর থেকে কতগুলো শব্দ তৈরি করা যায়

(a) $\dfrac{9!}{(2!)^2}$ (b) $\dfrac{9!}{(2!)^3}$

(c) $\dfrac{9!}{2!}$ (d) 9!

31. MODESTY শব্দের অক্ষরগুলি সম্ভাব্য সকল প্রকার এ লেখা হয় এবং এই শব্দগুলি একটি অভিধানের মতো লেখা হয়, তাহলে MODESTY শব্দের ক্রম বা rank হল

(a) 5040 (b) 720

(c) 1681 (d) 2520

32. কতগুলি উপায়ে n সংখ্যক বই পরপর সাজানো যেতে পারে যাতে দুটি নির্দিষ্ট বই একসাথে না থাকে

(a) $n!-(n-2)!$ (b) $(n-1)!(n-2)$

(c) $n!-2(n-1)$ (d) $(n-2)n!$

33. 500 এবং 600 এর মধ্যে থাকা কতগুলি সংখ্যা 1, 2, 3, 4, 5, 6 সংখ্যার সাহায্যে গঠিত হতে পারে যখন সংখ্যাগুলি পুনরাবৃত্তি করা যাবে না

(a) 20 (b) 40

(c) 60 (d) 80

34. কতগুলি সংখ্যা যা 1000 এর চেয়ে বড় কিন্তু 4000 এর বেশি নয় যা 0, 1, 2, 3, 4 সংখ্যা দিয়ে গঠিত হতে পারে (সংখ্যার পুনরাবৃত্তি অনুমোদিত),

(a) 350 (b) 375

(c) 450 (d) 576

35. 1, 2, 3, 4, 3, 2, 1 অঙ্কের সাহায্যে যে সংখ্যক সংখ্যা তৈরি হতে পারে যাতে বিজোড় সংখ্যা সবসময় বিজোড় স্থান দখল করে, তা হল

(a) 24 (b) 18

(c) 12 (d) 30

36. কতগুলি উপায়ে 5 টি ছেলে এবং 3 টি মেয়ে এক সারিতে বসতে পারে যাতে দুটি মেয়ে একসাথে না থাকে?

(a) $5!\times 3!$ (b) ${}^4P_3\times 5!$

(c) ${}^6P_3\times 5!$ (d) ${}^5P_3\times 3!$

37. 1000 থেকে ছোট হবে এরকম কতগুলি সংখ্যা 1, 2, 3, 4, 5, 6 সংখ্যা ব্যবহার করে তৈরি করা যেতে পারে (পুনরাবৃত্তি অনুমোদিত নয়)?

(a) 156 (b) 160

(c) 150 (d) কোনটাই না

38. একটি অষ্টভুজের কর্ণের সংখ্যা হবে

(a) 28 (b) 20

(c) 10 (d) 16

39. যদি একটি বহুভুজের 44 টি কর্ণ থাকে, তাহলে তার বাহুর সংখ্যা হল

(a) 7 (b) 11

(c) 8 (d) কোনটাই না

40. একটি বৃত্তের চারটি পয়েন্ট যোগ করে কতগুলি ত্রিভুজ গঠিত হতে পারে?

(a) 4 (b) 6

(c) 8 (d) 10

41. $(\sqrt{2}+1)^6-(\sqrt{2}-1)^6=?$

(a) 101 (b) $70\sqrt{2}$

(c) $140\sqrt{2}$ (d) $120\sqrt{2}$

42. $x^5+10x^4a+40x^3a^2+80x^2a^3+80xa^4+32a^5=?$

(a) $(x+a)^5$ (b) $(3x+a)^5$

(c) $(x+2a)^5$ (d) $(x+2a)^3$

43. $(a+b)^m=a^m+ma^{m-1}b+\frac{m(m-1)}{1.2}a^{m-2}b^2+....$ সূত্রটি সত্য হয় যখন

(a) $b<a$ (b) $a<b$

(c) $|a|<|b|$ (d) $|b|<|a|$

44. সরলীকরণের পরে $(x+a)^{100}+(x-a)^{100}$ সম্প্রসারণের মোট পদের সংখ্যা হবে

(a) 202 (b) 51

(c) 50 (d) কোনটাই না

45. $\frac{1}{\sqrt{5+4x}}$ দ্বিপদী তত্ত্ব দ্বারা প্রসারিত করা যেতে পারে, যদি

(a) $x<1$ (b) $|x|<1$

(c) $|x|<\frac{5}{4}$ (d) $|x|<\frac{4}{5}$

46. যদি $(1+x)^{20}$ এর বিস্তারের r^{th} ও $(r+4)^{th}$ পদের সহগের মান সমান হয়, তাহলে r এর মান হবে

(a) 7 (b) 8

(c) 9 (d) 10

47. $\left(x^4+\frac{1}{x^3}\right)^{15}$ বিস্তৃতির r^{th} পদে x^4 থাকলে, $r = ?$

(a) 7 (b) 8

(c) 9 (d) 10

48. $(\sqrt{x}-\sqrt{y})^{17}$ বিস্তৃতির 16th পদটি হল

(a) $136xy^7$ (b) $136xy$

(c) $-136xy^{15/2}$ (d) $-136xy^2$

49. যদি দ্বিপদী সম্প্রসারণ $(1+x)^m$ এর তৃতীয় পদটি হয় $-\frac{1}{8}x^2$, তাহলে m এর বাস্তব মান হল

(a) 2 (b) $1/2$

(c) 3 (d) 4

50. যদি A এবং B হল যথাক্রমে x^n এবং $(1+x)^{2n-1}$ এর বিস্তারের সহগ, তাহলে

(a) $A = B$ (b) $A = 2B$

(c) $2A = B$ (d) কোনটাই না

51. $\left(y^2+\frac{c}{y}\right)^5$ বিস্তৃতিতে y-এর সহগ হবে

(a) $20c$ (b) $10c$

(c) $10c^3$ (d) $20c^2$

52. $\left(x-\frac{1}{x}\right)^6$ বিস্তৃতির ধ্রুবক পদটি হল

(a) − 20 (b) 20

(c) 30 (d) − 30

53. $\left(x+\frac{1}{x}\right)^{10}$ বিস্তৃতির মাঝের পদটি হল

(a) ${}^{10}C_4\frac{1}{x}$ (b) ${}^{10}C_5$

(c) ${}^{10}C_5x$ (d) ${}^{10}C_7x^4$

সঠিক উত্তর নির্বাচন ধর্মী প্রশ্নের উত্তর									
1.	b	**2.**	c	**3.**	a	**4.**	d	**5.**	b
6	a	**7.**	b	**8.**	a	**9.**	c	**10.**	c
11.	d	**12.**	a	**13.**	d	**14.**	a	**15.**	a
16.	c	**17.**	c	**18.**	a	**19.**	d	**20.**	c
21.	a	**22.**	d	**23.**	b	**24.**	b	**25.**	a
26.	c	**27.**	a	**28.**	c	**29.**	a	**30.**	b
31.	c	**32.**	b	**33.**	a	**34.**	b	**35.**	b
36.	c	**37.**	a	**38.**	b	**39.**	b	**40.**	a
41.	c	**42.**	c	**43.**	d	**44.**	b	**45.**	c
46.	c	**47.**	c	**48.**	c	**49.**	b	**50.**	b
51.	c	**52.**	a	**53.**	b				

বিষয় ভিত্তিক সংক্ষিপ্ত এবং রচনাধর্মী প্রশ্ন

Q. 1: নিম্নলিখিত রাশিগুলির মান নির্ণয় করো:

(i) $\left(x^0\right)!$ (ii) $\left({}^{101}C_1\right)!$ (iii) $\left(Log1\right)!$

(iv) $5!$ (v) $3\times 4!$ (vi) $6\times 5\times 4!$

Q. 2: নিম্নলিখিত রাশিগুলির মান নির্ণয় করো:

(i) ${}^{8}P_5$ (ii) ${}^{14}P_2$ (iii) $P(901,1)$

(iv) ${}^{12}C_3$ (v) ${}^{9}C_5$ (vi) ${}^{2001}C_0$

Q. 3: নিম্নলিখিত রাশিগুলির মান নির্ণয় করো:

(i) $\frac{10!}{5!4!}$ (ii) $\frac{8!-3!}{6!}$ (iii) $6!+4!$

Q. 4: যদি $6\left(\frac{1}{12!}+\frac{1}{13!}\right)=\frac{k}{12!+11!}$ হয়, তবে k=?

Q. 5: যদি $(n-1)!+n!+576=(n+1)!$ হয়, তবে n=?

Q. 6: কতগুলি উপায়ে 10 টি শিক্ষার্থীকে 3 টি ভিন্ন পুরস্কার দেওয়া যেতে পারে, যেখানে একটি ছাত্র একটিমাত্র পুরস্কার পেতে পারে?

Q. 7: একটি সেমিনার হলে 6 টি দরজা আছে, একজন ব্যক্তি কতগুলি উপায়ে একটি দরজা দিয়ে হলের ভিতরে প্রবেশ করতে পারে এবং একটি ভিন্ন দরজা দিয়ে তা ছেড়ে যেতে পারে?

Q. 8: ভোপাল থেকে মুম্বাই পর্যন্ত তিনটি রাস্তা আছে: রাস্তা, রেল এবং বিমান। মুম্বাই থেকে সুরত পর্যন্ত চারটি রাস্তা রয়েছে: রাস্তা, রেল, বায়ু এবং সমুদ্র। ভোপাল থেকে সুরাত পর্যন্ত কয় ধরনের রুট আছে?

Q. 9: 5, 6, 7, 8, 9 সংখ্যা দ্বারা 3-সংখ্যার কতগুলি ভিন্ন সংখ্যা তৈরি করা যায় (একই সংখ্যায় কোন অঙ্ক পুনরাবৃত্তি হচ্ছে না)?

Q. 10: " OXYGEN " শব্দের অক্ষর ব্যবহার করে কতগুলি শব্দ (অর্থ সহ বা ছাড়া) গঠিত হতে পারে?

Q. 11: প্রমাণ কর যে, ${}^{12}P_4 = {}^{11}P_4 + 4\left({}^{11}P_3\right)$।

Q. 12: যদি $P(8,r) = 8P(9,r-1)$ হয়, তবে r=?

Q. 13: "COMPLIANT" শব্দের অক্ষর থেকে কতগুলি ভিন্ন শব্দ গঠিত হতে পারে যাতে স্বরবর্ণ গুলি একসাথে না থাকে?

Q. 14: 0, 1, 2, 3, 4, 5 সংখ্যা ব্যবহার করে 30000 এর চেয়ে বড় সংখ্যা কটি গঠিত হতে পারে, কোন সংখ্যায় কোন সংখ্যা পুনরাবৃত্তি হচ্ছে না?

Q. 15: "TRIGONOMETRY" অক্ষরটি কতগুলি ভিন্ন উপায়ে সাজানো যেতে পারে যাতে ব্যঞ্জনবর্ণ একসাথে হয়?

Q. 16: কত উপায়ে 6 জন মহিলা এবং 6 জন পুরুষকে একটি গোলটেবিলে বসানো যেতে পারে যাতে কোন দুটি মহিলা একসাথে না থাকে?

Q. 17: যদি ${}^{2n}C_5 : {}^{n}C_5 = 286:3$ হয়, তবে n=?

Q. 18: প্রমাণ কর যে, $r\left({}^{n}C_r\right) = n\left({}^{n-1}C_{r-1}\right)$.

Q. 19: 5 জন ছেলে এবং 4 জন মেয়ে থেকে 5 জনের একটি কমিটি গঠন করতে হবে। কতগুলি উপায়ে এটি করা যেতে পারে যদি (i) 2 টি ছেলে (ii) কমপক্ষে 2 টি মেয়ে কমিটিতে থাকতেই হয়?

Q. 20: একটি ব্যাগে 6 টি কালো এবং 5 টি লাল বল রয়েছে, 6 টি বল তোলা হয়েছে। কত রকম ভাবে 3 টি কালো এবং 3 টি লাল বল তোলা যায় তার সংখ্যা নির্ণয় কর?

Q. 21: 15 জন খেলোয়াড়ের একটি দল থেকে 11 জন খেলোয়াড়কে কতভাবে বেছে নেওয়া যায়?

Q. 22: $\left(x+\frac{1}{y}\right)^{11}$ এই বিস্তৃতির ষষ্ঠপদ কত?

Q. 23: শেষের দিক থেকে $\left(\frac{1}{x}-3x\right)^6$ এই বিস্তৃতির তৃতীয়পদ কত?

Q. 24: $\left(3x^2+\frac{1}{2x^2}\right)^8$ এই বিস্তৃতির x নিরপেক্ষ পদ কত?

Q. 25: বিস্তৃতির মাঝের পদটি নির্ণয় করা

(i) $\left(\frac{3}{2}x^2-\frac{1}{3x}\right)^8$ (ii) $\left(x+\frac{1}{x}\right)^{2n}$

Q. 26: বিস্তৃতির মাঝের পদটি নির্ণয় করা

(i) $\left(x^2+\frac{2}{x^3}\right)^7$ (ii) $\left(\frac{4}{x^3}-\frac{x^3}{2}\right)^5$

Q. 27: $(2x+5)^5$ এই বিস্তৃতিতে x এর সহগ নির্ণয় কর।

Q. 28: $\left(2x^2-\frac{3}{x}\right)^9$ এই বিস্তৃতিতে x^{-3} এর সহগ নির্ণয় কর।

Q. 29: দ্বিপদী উপপাদ্য ব্যবহার করে $(1-x+x^2)^4$ এই বিস্তৃতিতেকে x এর ঘাতে প্রসারিত কর।

Q. 30: $(x+y)^5+(x-y)^5$ এই বিস্তৃতির সরল করো এবং $(\sqrt{3}+1)^5+(\sqrt{3}-1)^5$ এর মান নির্ণয় করো।

Q. 31: দ্বিঘাত উপপাদ্য ব্যবহার করে প্রমাণ কর যে, 4^n-3n-1 সর্বদা 9 দ্বারা বিভাজ্য, যেখানে $n\in N$.

Q. 32: 3^{99}, 5 দ্বারা বিভাজ্য হলে ভাগশেষ কত হবে?

Q. 33: দ্বিঘাত উপপাদ্য ব্যবহার করে নিম্নলিখিত রাশিগুলির মান নির্ণয় করো:

(i) $(1.05)^4$ (ii) $(99.01)^3$

সংক্ষিপ্ত এবং রচনাধর্মী প্রশ্নের উত্তর

Q. 1: (i) 1 (ii) 1 (iii) 1 (vi) 120 (v) 72 (vi) 720

Q. 2: (i) 6720 (ii) 182 (iii) 901 (iv) 220 (v) 126 (vi) 1

Q. 3: (i) 1260 (ii) 126 (iii) 744

Q. 4: $k=7$ **Q. 5:** $n=5$ **Q. 6:** 720 **Q. 7:** 30

Q. 8: 12 **Q. 9:** 60 **Q. 10:** 720 **Q. 12:** 1

Q. 13: 30240 **Q. 14:** 360 **Q. 15:** 604800 **Q. 16:** 6!5!

Q. 17: 14 **Q. 19:** **(i)** 40 **(ii)** 105 **Q. 20:** 200

Q. 21: 1365 **Q. 22:** $462\frac{x^6}{y^6}$ **Q. 23:** $1215x^4$ **Q. 24:** $\frac{2835}{8}$

Q. 25: **(i)** $-\frac{7}{9}x$ **(ii)** $\frac{(2n)!}{n!n!}$ **Q. 26:** (i) $\frac{280}{x},\frac{560}{x^6}$ **(ii)** $-\frac{1120}{x^3},140x^3$

Q. 27: 6250 **Q. 28:** -314928

Q. 29: $1-4x+10x^2-16x^3+19x^4-16x^5+10x^6-4x^7+x^8$

Q. 30: $88\sqrt{3}$ **Q. 32:** 7 **Q. 33:** (i) 1.21550625 (ii) 97059305.9701

আরও জানো

- বিন্যাস ও সমবায় কেন পড়তে হবে?
- কিভাবে দ্বিপদী উপপাদ্য এবং এর শহরগুলি দৈনন্দিন জীবনে ব্যবহৃত হয়।
- প্যাটার্ন এবং সম্পর্কের ন্যায্যতা ও সাধারণীকরণের মাধ্যমে গাণিতিক যুক্তির ব্যবহার।
- সমসাময়িক অ-গাণিতিক ঘটনার সাথে ঐতিহাসিক প্রেক্ষাপটে গণিতের বিকাশ।
- কিভাবে গাণিতিক সমস্যাগুলি অপরিচিত সেটিংস ব্যবহার করে করা যেতে পারে?
- দৈনন্দিন জীবনে গাণিতিক চিন্তা কেন মূল্যবান।
- অনলাইন শিক্ষায় স্থানান্তর।
- বিন্যাস ও সমবায় শেখার সহজ উপায় এবং এর বীজগণিত।
- দ্বিপদী উপপাদ্য এর তত্ত্ব এবং এর সহগ আবিষ্কার করা হয়েছিল কেন?
- স্বজ্ঞাতভাবে বিন্যাস ও সমবায় শেখা।
- কোন গণনা সহজে এবং কম সময়ে করা।
- শিক্ষকদেরজন্য অনলাইন শিক্ষাসরঞ্জাম।
- সমালোচনা মূলক চিন্তাভাবনা শেখানো।
- স্টেম এডুকেশন।

ছোট প্রকল্প:

i. প্যাসকলের ত্রিভুজের প্যাটার্নগুলিতে একটি মাইক্রো প্রজেক্ট প্রস্তুত কর, যেমন অনুভূমিক যোগফল এবং প্যাটার্ন যা ফিবোনাকি ক্রম তৈরি করে।

ii. মেশিন লার্নিং এবং আইওটি (ইন্টারনেট অফ থিংস) -এ দ্বিপদী তত্ত্বের প্রয়োগের জন্য একটি মিনি প্রকল্প প্রস্তুত কর।

অনুসন্ধিৎসা এবং আগ্রহ সৃষ্টিকারী বিষয়

i. 8 সদস্যের একটি সোসাইটিতে আমাদের 3 সদস্যের একটি কমিটি নির্বাচন করতে হবে, যেহেতু সোসাইটির মালিক বিকাশ ইতিমধ্যেই কমিটির একজন সদস্য, কমিটি কত উপায়ে পাওয়া যাবে?

ii. যদি চিনি, জল, দুধ এবং চায়ের সংমিশ্রণে এক কাপ চা বানানো হয়, তবে উপাদানগুলোর অর্ডার বা ক্রম খুবই কি গুরুত্বপূর্ণ?

iii. 7 টি গ্রহকে কতগুলি ভিন্ন উপায়ে সাজানো যেতে পারে?

iv. একটি ক্রীড়া ইভেন্টে অনুমান করা হয় যে পাঁচটি দল প্রতিদ্বন্দ্বিতা করছে। প্রথম স্থান অধিকারী পায় স্বর্ণ এবং দ্বিতীয় স্থান অধিকারী পায় রৌপ্য পদক। এই দলগুলিকে কতগুলি স্বতন্ত্র উপায়ে পদক দেওয়া যেতে পারে?

v. একদিন, আমি পুনে থেকে ট্রেনে জবলপুর যেতে চেয়েছিলাম। পুণে থেকে জবলপুরে সরাসরি ট্রেন নেই, তবে পুনে থেকে ভোপাল এবং ভোপাল থেকে জবলপুর পর্যন্ত ট্রেন রয়েছে। পুনে থেকে ভোপাল পর্যন্ত তিনটি ট্রেন এবং ভোপাল থেকে জবালপুর পর্যন্ত চারটি ট্রেন ছিল। এখন, পুণে থেকে জব্বলপুর পর্যন্ত কত উপায়ে কেউ যাতায়াত করতে পারে?

vi. একটি ক্রীড়া ইভেন্টে মনে করা হয় যে সাতটি দল প্রতিদ্বন্দ্বিতা করছে। প্রথম স্থান অধিকারী পায় 'এ' টাইপ মেডেল এবং দ্বিতীয় স্থান অধিকারী পায় 'বি' টাইপ মেডেল। পদক বিজয়ীদের কতটি গ্রুপ সম্ভব? দলের অর্ডার বা ক্রম গুরুত্বপূর্ণ নয়।

vii. ধরা যাক 11 জনের একটি কমিটি আছে। একজন ব্যক্তি একাধিক পদে অধিষ্ঠিত হতে পারে না বলে ধরে নিয়ে আমরা কত ভাবে একজন চেয়ার পারসন, একজন ভাইস চেয়ার পার্সন, একজন সেক্রেটারি এবং কোষাধ্যক্ষ নির্বাচন করতে পারি?

viii. দ্বিপদী সম্ভাব্যতা বিতরণ আমাদের বিরল ঘটনাগুলির সম্ভাবনা বুঝতে এবং সম্ভাব্য অনুমানযোগ্য পরিসর নির্ধারণ করতে সহায়তা করে, এই অবস্থার পরিপ্রেক্ষিতে মন্তব্য কর।

ix. কিভাবে মেশিন লার্নিং মডেলের পারফরম্যান্সে দ্বিপদী উপপাদ্য ব্যবহার করা যায়?

উপরোক্ত প্রশ্নগুলি ছাড়া, অর্থনীতি, উচ্চতর গণিত, পূর্বাভাস পরিষেবা, ক্রম নির্ধারণ, ইন্টারনেট প্রোটোকল (আইপি), স্থাপত্য, অর্থ, জনসংখ্যার অনুমান এবং আরও অনেক কিছু থেকে বাস্তব বিশ্বের সমস্যাগুলির জন্য বিন্যাস ও সমবায় এবং দ্বিপদী উপপাদ্য ব্যবহার করা যেতে পারে ।

রেফারেন্স এবং প্রস্তাবিত রিডিং

1. E. Krezig, *Advanced Engineering Mathematics*,10th Edition, Wiley, 2015.
2. H. K. Das, *Advanced Engineering Mathematics*, S. Chand & Co, New Delhi, 2007.
3. B. S. Grewal,*Higher Engineering Mathematics*,Khanna Publication, New Delhi ,2015.
4. Alan Jeffrey, Advanced *Engineering Mathematics*, Harcourt/Academic Press, 2002, USA.
5. S. S. Sastry,*Engineering Mathematics, Volume 1*, PHI Learning, New Delhi, 2009.
6. M.P. Trivedi and P.Y. Trivedi, *Consider Dimension and Replace Pi*, Notion Press, 2018.
7. www.scilab.org/ -SCI Lab
8. https://grafeq.en.downloadastro.com/- Graph Eq^n 2.
9. https://www.onlinemathlearning.com
10. http://mathworld.wolfram.com
11. https://math.microsoft.com
12. http://euclideanspace.com

পরিশিষ্ট

পরিশিষ্ট: মূল্যায়নগুলি ব্লুমের স্তরের সাথে সংযুক্ত

ব্লুমের স্তর – এই পরিসরে প্রশ্নগুলির ক্রমবিকাশের জন্য এটি নীচের দুটি বিভাগে সংযুক্ত করা হয়েছে:

প্রথম শ্রেণীর প্রশ্ন	দ্বিতীয় শ্রেণীর প্রশ্ন- *উচ্চতর চিন্তা দক্ষতা*
ব্লুমের স্তর 1: মনে রাখা ব্লুমের স্তর 2: বোঝা ব্লুমের স্তর 3: প্রয়োগ	ব্লুমের স্তর 4: বিশ্লেষণ ব্লুমের স্তর 5: মূল্যায়ন ব্লুমের স্তর 6: প্রণয়ন

নমুনা নির্দিষ্টকরণ সারণী

কোর্স ফলাফল সংখ্যা	ইউনিট সংখ্যা	ইউনিট শিরোনাম	প্রাপ্ত নম্বর বন্টন			মোট নম্বর
			R	U	A	
CO-1 CO-2 CO-3 CO-4 CO-5 CO-6 CO-7	I	ত্রিকোণমিতি	2	4	6	12
	II	অপেক্ষক এবং সীমা	2	4	4	10
	III	অন্তরীকরণ ক্যালকুলাস	2	8	10	20
	IV	জটিল সংখ্যা এবং আংশিক ভগ্নাংশ	2	4	8	14
	V	বিন্যাস ও সমবায় এবং দ্বিপদী উপপাদ্য	2	6	6	14
	মোট নম্বর		10	26	34	70

আরও জানার জন্য রেফারেন্স

কিছু বইয়ের তালিকা নিচে দেওয়া হল যা আগ্রহী শিক্ষার্থীরা বিষয়টির (তত্ত্ব ও ব্যবহারিক উভয়) অধিকতর শিক্ষার জন্য ব্যবহার করতে পারে:

1. B.S. Grewal, Higher Engineering Mathematics, Khanna Publishers, New Delhi, 40th Edition, 2007.
2. G. B. Thomas, R. L. Finney, Calculus and Analytic Geometry, Addison Wesley, 9th Edition, 1995.
3. Reena Garg, Engineering Mathematics, Khanna Publishing House, New Delhi (Revised Ed. 2018).
4. V. Sundaram, R. Balasubramanian, K.A. Lakshminarayanan, Engineering Mathematics, 6/e., Vikas Publishing House.
5. Reena Garg & Chandrika Prasad, Advanced Engineering Mathematics, Khanna Publishing House, New Delhi

CO এবং PO অর্জনের সারণী

কোর্স সমাপ্তির পর, এই কোর্সের জন্য কোর্স ফলাফল (COs) এর সাথে প্রোগ্রামের ফলাফল (POs) এর ম্যাপ করা যেতে পারে এবং ফাঁক বিশ্লেষণ করার জন্য PO অর্জনের একটি পারস্পরিক সম্পর্ক তালিকা তৈরি করা যেতে পারে। PO অর্জনের নিরিখে ফাঁকগুলির যথাযথ বিশ্লেষণের পরে ফাঁকগুলি কাটিয়ে উঠতে প্রয়োজনীয় ব্যবস্থা নেওয়া যেতে পারে।

CO এবং PO অর্জনের সারণী

কোর্সের ফলাফল	প্রোগ্রামের ফলাফল অর্জন (1- দুর্বল সম্পর্ক; 2- মাঝারি সম্পর্ক; 3- শক্তিশালী সম্পর্ক)						
	PO-1	PO-2	PO-3	PO-4	PO-5	PO-6	PO-7
CO-1							
CO-2							
CO-3							
CO-4							
CO-5							

উপরের টেবিলে ভরা তথ্য অর্জিত জ্ঞানের বিশ্লেষণ এবং প্রতিকারের ব্যবস্থা গ্রহণ করার জন্য ব্যবহার করা যেতে পারে।

সূচক